preisgünstige Sonderausgabe

Albert Hinkelbein

So entstand die Welt

Albert Hinkelbein

So entstand die Welt

Verlag J. F. Schreiber · Esslingen
Österreichischer Bundesverlag · Wien

Zum Umschlagbild:
Spiralnebel im Großen Bären. So ähnlich sieht unser Milchstraßensystem aus kosmischen Fernen aus.

An der Reihe »Blauer Punkt« sind folgende Verlage beteiligt:

ARENA-VERLAG, Würzburg
GEORG BITTER VERLAG, Recklinghausen
HOCH-VERLAG, Düsseldorf
ÖSTERREICHISCHER BUNDESVERLAG, Wien
VERLAG J. F. SCHREIBER, Esslingen

Die mit über 130, meist farbigen Abbildungen ausgestattete Originalausgabe dieses Buches ist in der Reihe »Wissen der Welt – International Library« erschienen und wurde in die Auswahlliste zum deutschen Jugendbuchpreis aufgenommen.
(ISBN 3-480-12521-2)

Reihengestaltung: Peter Frohne
Gesamtherstellung: J. Ebner, Graphische Betriebe, Ulm (Donau)
ISBN 3-215-03008-x (ÖBV)
ISBN 3-480-13008-9 (JFS)

Inhalt

Der große Nebel im Orion. Werdende Welten!

Kapitel 1

Woher wissen wir, daß die Welt einmal entstanden ist?

Ist es nicht sehr kühn, etwas über die Entstehung der Welt zu sagen?
Ganz gleich, ob wir dabei Gott auf die Finger sehen wollen oder glauben, ohne ihn auszukommen, so geht es doch immer um ein Geschehen, das weit außerhalb unserer Erfahrungen und Vorstellungen liegt. Es hat sich in der denkbar fernsten Vergangenheit und in einer uns völlig fremden Weise abgespielt. Wie können wir unter diesen Umständen annehmen, unsere Aussagen darüber seien aufschlußreicher und besser begründet als die jener Schöpfungsmythen, die in allen Kulturen entstanden sind, um den gegenwärtigen Zustand der Welt zu verstehen?
Während die alten Mythen ein religiöses Ziel haben, auf mythologischen Gedankengängen beruhen und in naturwissenschaftlichem Sinn daher dürftig, ja oft sogar absurd sind, suchen wir nach einem naturwissenschaftlich begründeten Bild von der Entstehung unserer Welt. Wir verfolgen Zustände und Entwicklungen, die wir im Kosmos mit den Hilfsmitteln der modernen Astronomie beobachten, anhand der uns vertrauten Naturgesetze in die Vergangenheit zurück.

Alpenlandschaft. Ein junges Gebirge. Alter 60 Millionen Jahre. Schroffe, hochragende Formen (Dolomiten: Croda da Lago)

Wohl leiten wir diese Gesetze aus unserer gegenwärtigen, greifbaren Welt ab und kennen sie nur unter irdischen Bedingungen, die anders sind als in einem werdenden Kosmos; sie sind aber so wesentlich an unsere Welt gebunden, ja sie stellen sie sogar so vollständig und verbindlich dar, daß sie ebenso auch beim Werden dieser Welt am Werk gewesen sein müssen. Es sind auch weder Anzeichen noch Gründe dafür zu erkennen, daß sie früher anders gewesen sein könnten. Es wäre widersinnig, wenn der Kosmos entgegen seinen eigenen Gesetzen entstanden wäre.
Trotzdem dürfen wir nicht vergessen, daß es eine unstrittige Klarheit über unser Thema nicht geben kann. Der Anfang aller Dinge liegt so fern in der Dämmerung der Vergangenheit, daß das Geschehen nur in unbestimmten Umrissen zu erkennen ist.
Wir dürfen nicht einmal ohne weiteres davon ausgehen, daß unser Kosmos überhaupt entstanden ist, daß es über-

Schwarzwaldlandschaft. Ein altes Gebirge. Alter 300 Millionen Jahre. Weiche, niedere Formen (Brandenkopf gegen Hornisgrinde)

haupt eine »Kosmogonie«, eine »Weltgeburt« gegeben hat. Wenn der Kosmos etwa von Ewigkeit her bestehen sollte, so ist er nicht entstanden, sondern war schon immer da. Wie steht es mit dieser Frage?

Alles, was mit der Zeit vergeht, muß vor faßbarer Zeit entstanden sein, denn in unendlichen, ewigen Zeiten wäre Vergängliches längst vergangen.

Eine brennende Kerze verbraucht sich; also kann sie nicht schon immer gebrannt haben. Der Mensch altert und stirbt; also muß er einmal geboren worden sein.

Gleiches gilt nicht nur für alle Lebewesen, sondern auch für die tote Natur, wenn dort die Zeiten auch länger dauern. Beißender Frost, brennende Hitze, sprengendes Eis, auslaugender Regen, fressender Rost, aggressive Gase nagen nicht nur an menschlichen Werken, sondern ebenso an den gewaltigsten natürlichen Formen. Gebirge zerbröckeln – sehr langsam zwar, aber doch jedem sichtbar – und das losgebrochene Gestein rollt zu Tal. Also müssen die Berge irgendwann einmal aufgefaltet worden sein, sonst wären sie schon längst zerfallen und eingeebnet. Im Laufe der Erdgeschichte sind wiederholt Gebirge entstanden und wieder verschwunden.

Die Sonne verwandelt nach Art eines kosmischen Atomkraftwerks in einer Sekunde 4,3 Millionen Tonnen Materie in Energie und strahlt sie als Licht und Wärme in den grenzenlosen Raum hinaus. Sie verbraucht sich im Lauf der Zeit. Also muß auch sie vor faßbarer Zeit entstanden sein. Für das Heer der Sterne gilt das gleiche, denn jeder Fixstern ist eine ferne Sonne wie die unsere, und vergänglich wie sie.

Unsere Erde ist ein Planet. Das heißt, sie ist – wie wir im 7. Kapitel sehen werden – ein Kind der Sonne und konnte als solches nicht vor ihr existieren. Auch sie, unser ganzer Erdball, muß daher einmal entstanden sein.

Wir finden in den fernen Weiten des Kosmos voneinander isolierte Ansammlungen von jeweils mehr als hundert Milliarden Sternen. Man nennt sie wegen ihrer spiraligen Form Spiralnebel, und sie sind die gewaltigsten kosmischen Objekte überhaupt, jeder von ihnen geradezu ein Kosmos für sich. Auch sie können nicht von Ewigkeit her bestehen, weil sie im Lauf der Zeit die Materie, aus der sie Sterne neu bilden, verbrauchen.

All das muß einmal entstanden sein und kann nicht von Ewigkeit her bestehen, denn es ist vergänglich. Darüber gibt es keinen Zweifel.

Muß das aber auch für das Weltall als Ganzes gelten? Wäre es nicht möglich, daß es von Ewigkeit her existiert und daß das, was wir für seine Entstehung ansehen, nur ein Schritt in einem kosmischen Kreislauf wäre, durch den sich unsere Welt aus einer vorhergehenden Form in die jetzige verwandelt hat? Sind nicht fast alle irdischen Vorgänge zu Kreisläufen zusammengeschlossen? Aus Regen wird Quellwasser, Bäche und Ströme führen es zum Meer, die Sonne verdunstet es und macht daraus die Wolken, aus denen wieder Regen fällt. Könnte man nicht auch das kosmische Werden und Vergehen so auffassen: Sterne verstrahlen sich in den Raum, aus der verstreuten Energie bildet sich wieder

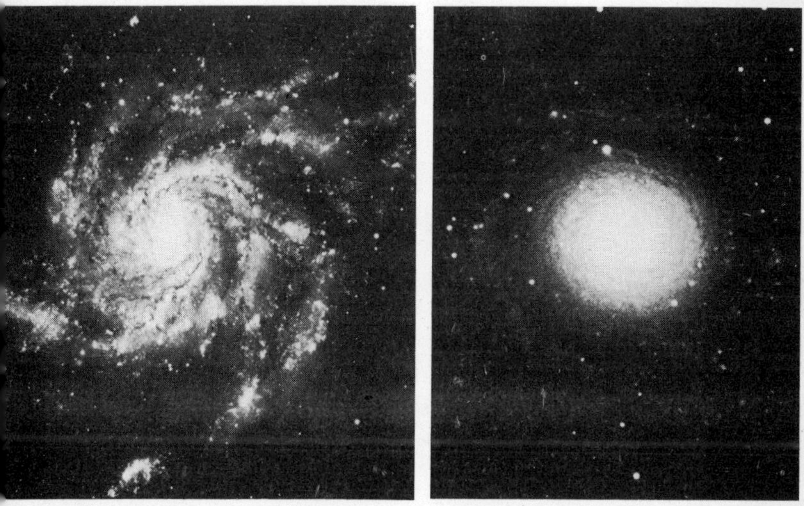

Links: *Ein junger Spiralnebel, in dem sich erst wenig Materie zu Sternen verdichtet hat.* Rechts: *Ein alter Spiralnebel, in dem fast alle Materie zu Sternen verdichtet ist.*

Materie und verdichtet sich zu Nebeln, aus denen wieder Sterne entstehen; aber der Kosmos als Ganzes bleibt, vergeht nicht und ist darum auch nicht geworden. Ist dieser Gedanke möglich?

Diese Anschauung ist durchaus denkbar. Die einzelnen Schritte dieses Kreislaufs sind physikalisch möglich. Aber abgesehen davon, daß man sich mit einer solchen Erklärung um die eigentliche Grundfrage herumdrückt – nämlich die, wie der Kosmos entstanden ist –, gibt es Gründe dafür, daß sich ein solcher Kreislauf nicht ewig fortsetzen kann. Einer der Gründe ist der »Zweite Hauptsatz der Thermodynamik«. Er sagt, daß Wärmeenergie immer nur von Stellen höherer Temperatur zu solchen tieferer Temperatur strömen kann, nie umgekehrt, wie Wasser immer nur bergab fließen kann. Wenn ein Körper Wärme oder Licht ausstrahlen soll, so muß er heißer sein als seine Umgebung. Wenn er aber Wärme ausstrahlt, so kühlt er sich ab und wärmt seine Umgebung auf. Dieser Vorgang läuft so lange, bis der Temperaturunterschied ausgeglichen ist. Was dann? Dann kann kein Himmelskörper, keine Sonne und kein Stern mehr strahlen, weil er nicht heißer ist als seine Umgebung. Man nennt dies den »Wärmetod« des Kosmos. Es gibt zwar Vorgänge, durch die wieder höhere Temperaturen entstehen können; aber das hilft nicht auf die Dauer, und darauf kommt es an.

Da unser Kosmos Milliarden und Abermilliarden von strahlenden Sternen enthält, kann er nicht seit Ewigkeit bestehen, sonst wäre er schon längst den Wärmetod gestorben.

Dieser Beweis ist nicht gegen jegliche Kritik gefeit. Aber es gibt noch einen und zwar zwingenden Grund, weshalb sich der Kosmos nicht in ewigem Kreislauf erneuern kann.

Wir wissen, daß sich die Sterne nicht vollständig in Strahlung auflösen können. Es bleibt ein beträchtlicher Rest von ihnen übrig, der zu klein ist, um die Drücke und Temperaturen aufrechtzuerhalten, die für die atomare Energieerzeugung nötig sind, zu klein also, um sich restlos in strahlende Energie zu verwandeln, zu klein also auch, um im geschilderten Kreislauf zu verbleiben. Diese Reste würden sich im Verlauf der Zeit ansammeln, und nach ewigen Zeiten gäbe es nur noch solche ausgebrannten Sterne.

Zu allem hin werden wir im 9. Kapitel sogar Beweise dafür kennenlernen, daß unser Kosmos gar nicht älter als einige

Milliarden Jahre sein kann, ja, daß er noch mitten im Werden ist. Wir gehen also davon aus, daß auch der Kosmos als Ganzes einmal entstanden ist, oder richtiger gesagt: daß er einmal »angefangen« hat. Damit stehen wir vor der Frage, wie das nach unseren heutigen Kenntnissen von der Natur des Kosmos und den in ihm wirkenden Gesetzen geschehen sein könnte. Daß die Antwort darauf nicht einfach ist und an die Grenzen unseres Vorstellungsvermögens rührt, ja sie überschreitet, ist zu erwarten. Wir wollen uns ihr darum vorsichtig nähern. Je näher etwas unseren Zeit- und Raumbegriffen steht, um so leichter verstehen wir es. Wir untersuchen daher zunächst einige einfachere Fragen, die uns mit den besonderen Gesetzlichkeiten des Kosmos vertraut machen: Warum ist die Erde rund? Wie kam der Planet Saturn zu seinem Ring? Wie entstanden die »Kleinplaneten«? Wie kam die Erde zu ihrem Mond?

Dann wenden wir uns der Entstehung der Sonne und des Planetensystems und damit der Entstehung der Erde zu, sehen, ob sich daraus Hinweise auf Leben auf anderen Planeten ergeben und verfolgen dann den Lebensweg der Sterne weiter bis zum Ende.

Schließlich wollen wir uns an die Frage wagen, wie wir uns die Entstehung des Kosmos als Ganzes denken können. Wie es tatsächlich dabei zugegangen ist, kann niemand wissen; es war ja niemand dabei, und die Welt sieht um so fremder aus, je weiter wir in die Vergangenheit zurückdenken. Da man die eine oder andere Erscheinung in verschiedener Weise deuten kann, gibt es auch verschiedene Antworten auf die Fragen, die wir stellen. Wir wählen aus ihnen diejenigen aus, die uns am vollkommensten zu sein scheinen und greifen aus der Fülle der Einzelfragen die interessantesten heraus.

Zunächst aber wollen wir sehen, wie frühere Kulturen sich die Weltschöpfung gedacht haben.

Kapitel 2

Mythische Kosmogonien

Es gibt keine Kultur, und sei sie noch so primitiv, die nicht einen Mythos über die Entstehung der Welt hätte. Das ist verständlich, wenn wir bedenken, daß uns nur das Wissen um unsere Herkunft einen Hinweis in der brennenden Frage nach unserer Zukunft geben kann. Jede Kosmogonie ist darum auch ein Versuch, den Anfang unserer Welt so anzusetzen, daß der gegenwärtige Zustand zwangsläufig daraus folgen muß; nur dann kann man durch Fortsetzen der Entwicklungslinien Schlüsse auf die Zukunft ziehen.

Während moderne, naturwissenschaftliche Kosmogonien sich auf die Entstehung des Kosmos in engerem Sinn, also auf die Entstehung der Himmelskörper und der Erde beschränken, oder gar nur Teilausschnitte davon behandeln, interessieren sich die alten Kosmogonien eher für die Entstehung des Menschen und seiner religiösen und sozialen Ordnungen. Sie sind meist von überwältigender dichterischer Kraft.

In ihnen spielen »die Wasser« als das Urelement, aus dem die Welt entstanden sei, eine auffällige Rolle. Auch im biblischen Schöpfungsbericht schwebt der Geist Gottes bereits vor dem ersten »es werde« über den Wassern, und der griechische Philosoph Thales von Milet lehrte noch um 600 vor Chr., daß alles aus dem Wasser entstanden sei.

Der Gedanke ist naheliegend und recht vernünftig; denn das Meer oder gar ein noch dahinterliegendes Urmeer wirkt in seiner ewig werdenden und vergehenden Oberfläche gegenüber den festen Formen des Landes urtümlich, gestalt- und formlos. Es hat ja tatsächlich das Leben hervorgebracht

Das Meer und das Wasser sind in den alten Kosmogonien das Urelement, aus dem sich die ganze Schöpfung entfaltet.

und ist heute noch überreich an buntesten Lebensformen; und auf dem Land gibt es nur dort Leben, wo Wasser hinkommt.

Ein zweiter Gedanke der alten Kosmogonien ist, daß aus diesem Urmeer zunächst etwas irgendwie Zwiefältiges entstanden sei, das sich dann in Erde und Himmel auseinandergefaltet habe, und daß diese beiden dann miteinander alles andere unmittelbar oder mittelbar gezeugt haben. In der sumerischen Kosmogonie ist es der Wind, der die anfänglich ineinander verschlungene Zweiheit von Erde und Himmel voneinander trennt, ein Bild, das im »Geist Gottes«, der über den Wassern schwebt und Erde und Himmel erschafft, wiederkehrt; denn in den alten Sprachen ist »Geist« und »Windhauch« das gleiche Wort. Beide wirken, ohne daß man sie sieht.

Das Merkwürdigste an diesen Bildern aber ist, daß sie – wenn auch in gewandelter Form – in den modernsten Gedanken über die Entstehung der Welt wiederkehren. Auch da stellt man sich den Anfang der Welt als eine Art Entfaltung zweier ursprünglich ineinander aufgelösten Ureinheiten vor. Wie man darauf kommt, und wie das zu verstehen ist, bildet den wesentlichen Teil unserer Betrachtungen.

Sehen wir einige von diesen alten Kosmogonien an!

Die älteste bekannte Kosmogonie ist die sumerische, die im Raum von Mesopotamien einige tausend Jahre vor Chr. entstanden ist. Nach ihr steht am Anfang eine Wasserfläche »Nammu«, aus der dann Himmel und Erde als Zwillinge geboren werden. Sie sind zunächst vereint und durchdringen einander, werden dann aber durch den Wind »Enlil«, der sich zwischen Erde und Himmel drängt, getrennt. Es bedarf also einer »geistigen«, unsichtbaren Kraft, damit unsere materielle Welt sich entfaltet.

Alles übrige wird dann von einem Götterpaar, Enki und Nintu, die das Süßwasser und die fruchttragende Erde vorstellen, gezeugt. Von dem Wasser Enki, das mit dem An- und Abschwellen der Flüsse aus den Gründen steigt, wird die Erde Nintu durchtränkt, und sie gebiert die grünenden Pflanzen. Dann erst werden die Menschen erschaffen, um den Göttern zu dienen.

In der folgenden babylonischen Kultur entstand als erste Dichtung der menschlichen Geschichte etwa im 18. Jahrhundert vor Chr. ein Schöpfungsbericht, der nach seinen Anfangsworten »Enuma elisch« (»Als in der Höhe«) genannt wird.

»Als in der Höhe noch nirgends ein Himmel sich wölbte,
drunten noch nichts mit irdischen Namen benannt war,
war schon »Tiâmat«, die Urflut, der Grund aller Dinge,
war es Tiâmat, die urtiefen Wasser, die alles gebaren,
als alle Wasser in eins sich vermischten.«

Die in eins vermischten Wasser sind das Salzwasser der Urmutter Tiâmat und das Süßwasser des Urzeugers »Abzu«. Die Wasser tragen in sich die Keime des Lebens. Daraus entstehen nacheinander in langen Zeitfolgen Götterpaare und ganze Göttergenerationen. Das Treiben dieser Schar vergrämt Tiâmat, und es kommt zu einer Auseinandersetzung von phantastischer Großartigkeit zwischen den Göttern und Tiâmat, in der sie all ihre Schrecken einsetzt – Nattern, Drachen, Ungeheuer, Orkane, Hunde, Ungeziefer. Aber sie unterliegt, als Marduk, der die Sonne personifizierende Hauptgott Babylons, in ihren aufgerissenen Rachen einen Sturmwind fahren läßt, der ihr Inneres auseinanderreißt.

Und nun betätigt sich Marduk als Schöpfer und formt die Welt aus dem Leichnam Tiâmats. Er teilt ihn entzwei und macht aus der einen Hälfte das Himmelsgewölbe und aus der anderen die irdische Welt. Das Haupt der Tiâmat wird zum Berg, ihre Brüste werden zu Hügeln, aus ihren Augen entspringen Euphrat und Tigris. Marduk bestellt Wächter, »das Wasser nicht hinauszulassen«, bestimmt das Jahr mit seinen 12 Monaten, läßt den Mond erglänzen und gibt ihm seine wechselnde Lichtgestalt, »die Tage zu bezeichnen«.

Die Menschen aber, »dazu bestimmt, den Göttern zu dienen«, werden aus dem Blut des Gottes Kingu geschaffen, der sich gegen die anderen Götter erhoben und der urwelt-

lichen Tiâmat bei ihrem Kampf gegen die Götter geholfen hatte. (Ob damit der menschliche Hang zur Auflehnung gegen Gott erklärt werden sollte?)
Im griechischen Mythos entstand zuerst das »Chaos«, also die Leere, das Ungeformte, Ungeordnete.

»Wahrlich zuerst entstand das Chaos und später die Erde,
breitgebrüstet, ein Sitz von ewiger Dauer für alle
Götter, die des Olympos beschneite Gipfel bewohnen,
und des Tartaros Dunkel im Abgrund der wegsamen Erde,
Eros zugleich, er ist der schönste der ewigen Götter«

(und in viel allgemeinerer Bedeutung als heute die Kraft, die alles Zusammengehörige zueinanderzieht.)
Das Chaos gebar aus sich im Tartaros den »Erebos«, den gewaltigen unterirdischen Raum, in dem später das Reich der Schatten, die von Hades beherrschte Unterwelt sein wird, und die Nacht. Der von Erebos befruchteten Nacht entstammte der helle Tag und das Licht.
Die Erde aber erzeugte aus sich zuerst »Uranos«, den bestirnten Himmel, »damit er sie völlig umhülle«, die hohen Gebirge, »der Göttinnen holde Behausung«, und das Urmeer »Pontos« mit seiner brausenden Brandung. Damit war die Bühne geschaffen, auf der sich die weitere Schöpfung vollzieht.
Durch Uranos befruchtet gebar die Erde das Geschlecht der Titanen, darunter Okeanos, das Meer, und ihr schrecklichstes Kind, den verschlagenen Kronos, den Stammvater der olympischen Götter.
Die Titanin Thetys gebar dem Okeanos dreitausend Söhne, nämlich die »wirbelnden Ströme der Erde« und ebensoviele »schlankfüßige Töchter«, unter ihnen Europa und Asia.
Theia gebar dem Titanen Hyperion den mächtigen Helios (die Sonne), die helle Selene (den Mond) und die ro-

senfingrige Eos (die Morgenröte). Die aber gebar die Winde und Sterne. Die Menschen tauchen in diesen Bildern sonderbarerweise nebenher auf, ohne daß ihre Entstehung erklärt wird.

Im germanischen Mythos steht an der Stelle des Chaos der Urabgrund – »Ginnungagap« geheißen – der sich zwischen »Niflheim«, dem Land der Kälte im Norden, und »Muspelheim«, dem Land des Feuers im Süden erstreckt. Von den Dingen der Welt gibt es nichts. Eisströme fließen von Norden nach Süden, und aus ihrer Begegnung mit dem Feuer bildet sich ein Riese »Ymir«; außerdem entsteht im geschmolzenen Eis eine Kuh »Audumla«. Sie ernährt sich von Salz aus dem Eis, das sie durch Lecken zum Schmelzen bringt. Aus ihrem Euter fließen vier Milchströme, aus denen sich Ymir stärkt.

Dann entsteht aus dem schmelzenden Eis ein weiteres Wesen, »Buri«.

Ymir und Buri haben die Fähigkeit, sich fortzupflanzen. Von Ymir stammen die »Reifriesen« ab, von Buri die Götter, darunter Odin oder Wodan. Damit sind zwei Geschlechter entstanden, die bis ans Ende der Welt miteinander im Kampfe stehen.

Die Söhne Buris greifen Ymir an und töten ihn. Und nun entsteht die Welt aus dem Körper Ymirs wie im babylonischen Mythos aus dem Körper Tiâmats. Die Ströme von Ymirs Blut bilden das Meer, sein Fleisch wird zum Festland, seine Knochen werden die Berge, seine Zähne das Meeresgeröll. Aus seinem Schädel bilden die Götter das Himmelsgewölbe, das sie auf vier Zwerge stellen, die es stützen müssen. Aus seinem Gehirn werden die Wolken. Die von Muspelheim ausfliegenden Feuerfunken, die sich bis dahin im All zerstreut hatten, lassen sich auf dem Himmelsgewölbe nieder und werden die Gestirne. Die Götter regeln ihren Lauf und legen den Wechsel von Tag und

Michelangelo: Die Erschaffung Adams. Aus der Sixtinischen Kapelle in Rom

Nacht und der Jahreszeiten fest, wodurch wiederum das Wachsen der Pflanzen bestimmt ist.

Aus den struppigen Augenbrauen Ymirs erbauen sie die Schutzwehr ihres Reiches, das sie »Midgard« nennen, und das auch die Wohnstätte der Menschen ist. In der Mitte steht die Weltesche »Yggdrasil«. Sie reicht mit ihrem Geäst in alle Teile des Universums und ist Stütze und Hort der ganzen Welt. Ein Meer umschließt die bewohnten Gebiete. Das Meer ist durch den Urabgrund begrenzt. Im Meer lebt eine riesige Schlange, die so lang ist, daß ihre Windungen das ganze den Menschen bekannte Gebiet umschließen – die »Midgardschlange«.

Die Menschen aber werden von den Göttern aus zwei Baumstämmen gemacht, die sie am Meeresufer finden. Es ist leicht zu erkennen, daß diese mythischen Kosmogonien gar nicht naturwissenschaftliche Erklärungen in unserem Sinn sein wollen. Sie geben auf andere Fragen Antwort: woher kommen Kampf und Krieg, woher Auflehnung und Zwietracht, woher das Königtum, woher die »gottgegebenen« sozialen Ordnungen, woher das Wesen der Menschen, worin liegt der Sinn des menschlichen Lebens? Sie behandeln damit Fragen, die – wenn wir ehrlich sein wollen – vielleicht wichtiger sind als die Physik der Weltschöpfung und geben Antworten, die uns tiefer binden als naturwissenschaftliche Erklärungen. So ist auch die Kosmogonie der Bibel, die »Genesis« trotz ihres fast naturwissenschaftlich anmutenden Gesichtes keine physikalische, sondern eine theologische Antwort auf die Frage nach der Entstehung der Welt.

Nach ihr entsteht alles in der Welt: Licht, Himmel, Erde, Gestirne, Land, Meer, Pflanzen, Tiere und der Mensch ausnahmslos und unmittelbar auf Gottes Wort »es werde«. Das ist nicht die Beschreibung eines physikalischen Vorganges, sondern ein religiöses Bekenntnis. In der Genesis ein urtümliches naturwissenschaftliches Lehrbuch zu sehen, ist ein Mißverständnis und bedeutet eine Herabwürdigung, nicht zuletzt, weil man dann an ihren Unstimmigkeiten – z. B. daß Tag und Nacht vor der Sonne geschaffen wurden – Anstoß nehmen könnte.

Das Erstmalige an ihr und darum ihre ursprüngliche Bedeutung liegt in ihrem Bekenntnis zu einem einzigen Schöpfergott in einer Welt, die bis dahin nur zahlreiche, sich gegenseitig bekämpfende Titanen, Riesen und Götter kannte. In diesem Sinn bleibt sie unangreifbar. Wir werden am Schluß des Buches noch sehen, welche Bedeutung sie gegenüber einer naturwissenschaftlichen Kosmogonie hat.

Ihre Aussage mag früheren Zeiten genügt haben. Wir Kinder einer naturwissenschaftlichen Zeit verlangen aber auch noch eine naturwissenschaftliche Antwort. Wir fragen gewissermaßen neugieriger und genauer: durch welche physikalischen Kräfte und Vorgänge ist die Welt entstanden?

Kapitel 3

Warum ist die Erde rund?

Im Kosmos ist alles anders. Manche Frage, die uns hier bewegt, kann man dort nicht einmal stellen; Fragen, die man hier nicht stellt, führen dort vielleicht zu Gesetzen von kosmischer Bedeutung. Die Frage beispielsweise, wie kalt es im leeren Weltraum sei, ist sinnlos; denn wo nichts ist, kann es keine Temperatur geben. Die für uns so selbstverständlichen Begriffe »oben« und »unten« verwirren sich im schwerelosen Raum. Dort gibt es kein oben und kein unten. Oben und unten ist dort überall und nirgends. Höchstens solange man sich innerhalb des Planetensystems befindet, gibt es eine bevorzugte Richtung: zur Sonne hin. Wo sie ist, ist aber nicht oben, sondern unten, denn sie ist das Zentrum der Anziehung, wie es für uns der Erdmittelpunkt ist. Man nannte darum früher auch gerne die inneren Planeten die »unteren« und die äußeren die »oberen«. Die Frage, warum der Nachthimmel dunkel ist, wird uns im 10. Kapitel einiges Kopfzerbrechen bereiten.

Vielleicht entfaltet auch die Frage, warum die Erde rund ist, eine überraschende Seite? Denn nicht nur die Erde, der Mond und die Sonne, sondern alle Sterne, Planeten und größeren Monde haben eine runde kugelähnliche Gestalt.

Da wir im Kosmos nichts als selbstverständlich ansehen dürfen, müssen wir fragen, woher das kommt.
Die alten Griechen mit ihrem starken Sinn für Harmonie und klare Formen sagten, die Kugel sei die vollkommenste Form, sie allein stehe den Himmelskörpern an. Was aber sagen wir heute?
Wenn die Erde völlig von Wasser bedeckt wäre, wäre es selbstverständlich, daß sie eine ganz glatte Kugel wäre; denn auf dem Wasser gibt es keine Berge und Täler. Jede Welle sinkt sofort unter der Wirkung ihres Gewichts in sich zusammen. Alles Wasser strömt so lange nach tiefer gelegenen Orten, bis jeder Höhenunterschied ausgeglichen ist. Das aber bedeutet Kugelgestalt.
Da die Sterne so heiß sind, daß alle Materie in ihnen gasförmig oder wenigstens glutflüssig ist, gilt für sie das gleiche: sie können nur kugelförmig sein. Jede irgendwie entstandene Abweichung davon glättet sich von selbst.
So ohne weiteres gilt das jedoch nicht für den Mond, die Erde und die anderen Planeten; denn sie sind fest und könnten darum jede beliebige Form, zum Beispiel die eines unregelmäßig geformten Gesteinsbrockens haben, wie man es tatsächlich bei kleineren kosmischen Körpern von etwa 100 Kilometern Größe beobachten kann. Da sie jedoch Kugelgestalt haben, nahm man früher an, sie seien einmal glutflüssig gewesen und hätten dann bei der Erstarrung ihre Gestalt behalten.
Wir werden aber bei der Entstehung der Planeten sehen, daß diese Annahme keineswegs wahrscheinlich ist. Gewiß ist zumindest die Erde in ihrem Inneren heute glutflüssig. Sie kann es aber anfänglich kaum gewesen sein. Man braucht aber auch diese Voraussetzung gar nicht für die Erklärung ihrer Kugelgestalt. Wir werden sogleich sehen, daß es bei Körpern kosmischen Ausmaßes den Begriff »fest« überhaupt nicht gibt.

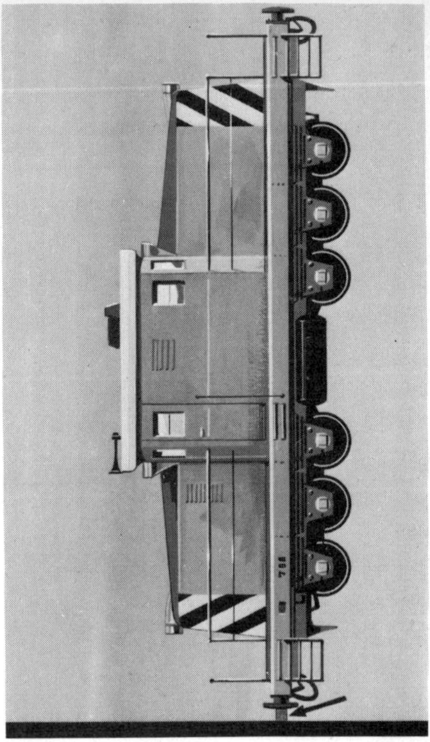

Ein Granitwürfel von 10 cm Kantenlänge könnte eine Lokomotive von 125 Tonnen Gewicht tragen.

Ein Granitwürfel von 10 cm Kantenlänge ist so fest, daß er eine Belastung von 1250 Kilonewton (kN) entsprechend 2500 Zentnern tragen könnte, ohne zermalmt zu werden.

Wenn man diese Belastung aus lauter aufeinandergestellten Granitwürfeln der gleichen Größe herstellen würde, so käme man bis zu einer Höhe von 4464 Metern, bevor der unterste Würfel begänne, unter der Last zu zerbrechen; denn ein solcher Würfel wiegt 2,8 kg, entsprechend 28 Newton. Man braucht also 1 250 000 : 28 = 44 640 Stück, um die Belastungsgrenze zu erreichen. Das bedeutet

4464 Meter, oder eine Granitsäule so hoch wie das Matterhorn. Würde man statt einer geraden Säule eine Pyramide bauen, so käme man dreimal so hoch, da eine auf der gleichen Grundfläche errichtete Pyramide nur ein Drittel der gleichhohen Säule wiegt. Das wäre dann eine Höhe von 13 400 Metern.

Angeregt von der phantastischen Höhe dieses Bauwerkes könnte man untersuchen, ob es möglich wäre, die Erde aus einer Kugel in einen Würfel kosmischen Maßes umzubauen. Man müßte dazu – den acht Würfelecken entsprechend – acht dreiseitige Pyramiden von entsprechender Höhe errichten.

Die Rechnung zeigt, daß diese Pyramiden 4 660 000 Meter hoch sein müßten. Das ist 350mal so hoch, wie wir höchstens bauen könnten. Der Fuß unseres Bauwerkes würde also zermalmt und auseinandergequetscht werden, lange bevor wir nur eine Andeutung unserer Absicht erreicht hätten. Die 13 400 Meter, die wir bestenfalls schaffen, ergäben, auf einen Globus von 32 cm Durchmesser umgerechnet, eine Erhöhung von nur 4 Zehntelmillimetern. Das heißt: man würde überhaupt nichts davon sehen. Aus dem gleichen Grund lassen sich Bergeshöhen und Meerestiefen nicht maßstabgetreu auf einem Globus nachbilden. Man könnte sie höchstens mit den Fingerspitzen erfühlen.

Unsere utopische Rechnung zeigt, daß ein Körper von der Größe der Erde immer nur eine Kugel sein kann, ganz gleich, wie er entstanden ist, ganz gleich, ob er gasförmig, flüssig oder fest ist. Das gilt auch für die festesten Stoffe, zu denen Granit ja sprichwörtlich gehört.

Nur sehr kleine Himmelskörper können eine andere Gestalt haben, weil auf ihnen unsere Granitpyramide wegen der dort geringeren Schwerkraft verschwindend wenig wiegt.

Bei Körpern kosmischen Ausmaßes gibt es also keine »festen« Baustoffe in unserem Sinn. Alle Stoffe verhalten sich so, als ob sie flüssig oder höchstens etwas zähflüssig wären. Jede Erhebung, die ein geringes Maß überschreitet, jede Abweichung von der Kugelform sinkt unter ihrem eigenen Gewicht in sich zusammen und zerfließt wie Butter an der Sonne, bis alle Höhenunterschiede ausgeglichen sind. Darum also ist unsere Erde rund.

Nun muß aber erklärt werden, warum die Erde keine *genaue* Kugel ist. Sie ist nämlich an den Polen abgeplattet, nicht viel, nur ein Zweihundertsiebenundneunzigstel des Durchmessers. Das ist aber immerhin so stark, daß ihre Oberfläche an den Polen dem Erdmittelpunkt um 21 300 Meter näher ist, also um diesen Betrag tiefer liegt als am Äquator. Woher kommt dieser Höhenunterschied, der fast doppelt so groß ist wie der eben errechnete größtmögliche?

Er erklärt sich aus der mit der Erddrehung verbundenen Fliehkraft, die an den Polen gleich Null ist und am Äquator 34 Millinewton (entsprechend 3,4 Gramm) für das Kilogramm beträgt. Dadurch wird die Erde am Äquator ein wenig aufgeweitet. Die Abplattung ist also keineswegs ein Rest aus früheren Zeiten, als die Erde vielleicht glutflüssig war und sich rascher drehte, sondern eine unmittelbare Folge der gegenwärtigen Verhältnisse. Stünde die Erde plötzlich still, so verschwände auch ihre Abplattung.

Es ist interessant genug, daß man aus dem Maß der Abplattung Schlüsse auf die Massenverteilung innerhalb der Erde ziehen kann. Die Abplattung eines sich drehenden Weltkörpers hängt nämlich nicht nur von der Umdrehungsgeschwindigkeit, sondern auch von der Massenverteilung ab. Ist die Masse vor allem im Kern vereinigt, so plattet er sich weniger ab, als wenn die Masse gleichmäßig verteilt ist oder gar – wie bei einer Hohlkugel – an der Oberfläche liegt. Die Erde ist weniger abgeplattet als sie es bei gleichmäßiger Massenverteilung sein müßte, nämlich $^{1}/_{297}$ statt

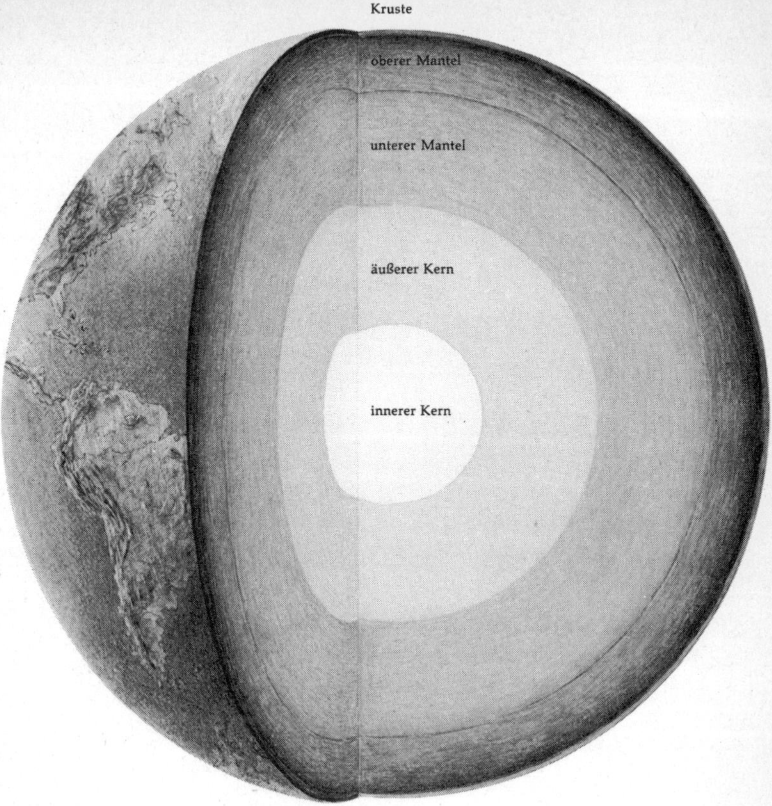

Die Erde hat einen Kern aus Eisen und Nickel. Dieser schwere Kern bewirkt, daß ihre Abplattung schwächer ist als sie allein als Folge der Umdrehung wäre.

$^1/_{230}$. Sie muß daher einen besonders schweren Kern haben, der auch durch die Mittel der Erdbebenforschung festgestellt werden kann.

Eine weitere Frage ist die folgende: Die höchste Erhebung der Erde ist der Mount Everest mit 8882 Metern; die tiefste Einsenkung ist die Vitiaz-Tiefe im Marianengraben mit 11 034 Metern. Der größte Höhenunterschied, den es auf der Erde gibt, beträgt daher 8882 + 11 034 = 19 896 Meter, und es ist eine interessante Frage, wie dies mit der höchstmöglichen Höhe zu vereinbaren ist, die wir oben zu 13 400 Metern errechnet haben. Tatsächlich besteht der Kern der Festländer aus Granit, mit dessen Festigkeit wir gerechnet haben. Aber 11 034 Meter der Gesamthöhe stecken im Meer, »schwimmen« sozusagen im Wasser des Ozeans, das tragen oder zusammenhalten hilft.

Berechnet man die höchstmögliche Höhe einer Pyramide aus Granit, von der 11 034 Meter im Wasser stehen, so ergeben sich 19 873 Meter. Das ist praktisch genau gleich viel wie die tatsächlichen 19 916 Meter.

An der tiefsten Stelle der Erdoberfläche, im Marianengraben, ist also das Gestein bis an die Grenze seiner Festigkeit beansprucht. Es »knirscht« darum auch ständig an dieser Stelle. Sie ist das Gebiet der großen Tiefseebeben und überhaupt die erdbebenreichste Gegend der Erde. Wir können darum auch vorhersagen, daß man nennenswert größere Tiefen nicht finden wird, weil es sie nicht geben kann.

Nach diesen Überlegungen sind beispielsweise auf dem Mond größere Höhenunterschiede möglich, weil auf ihm alles nur ein Sechstel des irdischen Gewichtes hat. Wir können aber den größten Höhenunterschied auf ihm nicht feststellen, denn es fehlt dort eine einheitliche Bezugsebene für die Höhenmessung wie der Meeresspiegel auf der Erde. Wir können nur die Höhe gegen das Niveau der unmittelbaren Umgebung bestimmen. Immerhin beträgt die höchste Erhebung dieser Art 11 350 Meter – viel mehr als irgendwo auf der Erde.

So zeigt auch diese Erscheinung, daß unsere Rechnung und Betrachtung stimmt. Körper von kosmischer Größe können nur sehr unwesentlich von der Kugelgestalt abweichen, selbst wenn sie aus Granit sind, denn Festigkeit in irdischem Sinn gibt es bei ihnen nicht.

Kapitel 4

Kosmische Katastrophen

Wohl der sonderbarste Himmelskörper ist der Saturn. Er gehört wie der Mars oder der Jupiter zu den Planeten, die in unserer nächsten kosmischen Nachbarschaft die Sonne umkreisen und denen wir ein eigenes Kapitel widmen wollen. Er hat 9 Monde, ist mehr als 9mal so groß wie die Erde, fast 10mal so weit wie sie von der Sonne entfernt und sichtbar, im Verhältnis 9:10, abgeplattet. Wir wissen schon, daß dies ein Zeichen für eine rasche Umdrehung ist. Er dreht sich in etwa 10 Stunden einmal. Was ihm seine einzigartige Stellung unter den Gestirnen gibt, ist sein Ring. Man sieht schon in kleinen Fernrohren, daß er von einer breiten, freischwebenden Ringscheibe umgeben ist. Ihr Durchmesser beträgt 277 000 Kilometer, ihre Dicke aber ist erstaunlich gering, nur etwa 15 Kilometer.

Wir können gleich sagen, daß dies nicht etwa ein gigantischer, massiver, fester Ring sein kann, denn Festigkeit in irdischem Sinn – so haben wir eben gelernt – gibt es bei Körpern kosmischen Ausmaßes nicht. Man hat schon sehr bald vermutet, und kann es mit den Mitteln der modernen Astronomie auch tatsächlich feststellen, daß diese Ringscheibe eine flache, kreisringförmige Wolke aus Trümmern,

Materiebrocken und kosmischem Staub sein muß, die nur aus der Ferne wie eine dichte Scheibe aussieht.
Die früheren Vermutungen stützten sich auf ein astronomisches Gesetz, das der deutsche Astronom Johannes Kepler fand, wonach entferntere Planeten langsamer um die Sonne laufen als nähere. Dieses »3. Gesetz Keplers« gilt auch für den Umlauf der Monde um ihre Planeten und selbstverständlich auch für den Ring des Saturn. Sein äußerster Rand ist 138 500 Kilometer, sein innerer 75 000 Kilometer vom Mittelpunkt des Saturn entfernt. Der äußere läuft demnach in 14,6 Stunden, der innere in 5,8 Stunden um. Der Ring kann also nicht aus einem Stück sein.
Wie könnte dieser Ring entstanden sein? Niemand wird auf den unmöglichen Gedanken kommen, diese Milliarden von kleinen Körpern hätten sich durch Zufall zu einem so regelmäßigen und geschlossenen Gebilde zusammengefunden. Hier muß eine sehr strenge Logik das Werden bestimmt haben.
Der erwähnte Zusammenhang zwischen Entfernung und Umlaufgeschwindigkeit ist durch das Gravitationsgesetz Newtons bestimmt. Unter »Gravitation« versteht man die Kraft, mit welcher sich alle Massen gegenseitig anziehen. Das »Gravitationsgesetz« Newtons sagt aus, daß diese Anziehungskraft um so stärker ist, je größer die beteiligten Massen sind und je näher sie sich stehen, wobei die Kraft im umgekehrten Verhältnis zum Quadrat der Entfernung steht, das heißt: sie beträgt in der halben Entfernung bereits das Vierfache. Was wir als »Gewicht« bezeichnen, ist nichts anderes als die Gravitation der Erde, die Kraft, mit der sie jegliche Masse anzieht. Auf dem Mond, der eine viel geringere Masse als die Erde hat, sind darum auch alle Gewichte leichter. Sie wiegen dort nur ein Sechstel des irdischen Gewichts.
Das Gravitationsgesetz sagt nun aus, daß ein Mond um so

schwächer von seinem Planeten angezogen wird, je weiter er von ihm entfernt ist. Da sich diese Anziehungskraft und die durch den Umlauf erzeugte Fliehkraft das Gleichgewicht halten müssen, wenn der Mond eine gleichbleibende Bahn laufen soll, muß bei einem ferneren Mond auch die Fliehkraft kleiner sein. Und damit sie kleiner ist, muß er langsamer laufen. Das eben sagt das 3. Gesetz Keplers aus.

Soweit die verschiedenen Teile eines Mondes verschieden weit vom Planeten entfernt sind, müßten sie, streng genommen, auch verschieden schnell laufen. Die dem Planeten gerade zugewandte Hälfte müßte schneller laufen als die dem Planeten abgewandte, weil sie ihm näher steht. Das klingt spitzfindig, aber wir wollen trotzdem sehen, was dabei herauskommt.

Bei den der Erde abgewandten Teilen des Mondes ist die Fliehkraft stärker als die Erdanziehung. Bei den der Erde zugewandten ist es gerade umgekehrt.

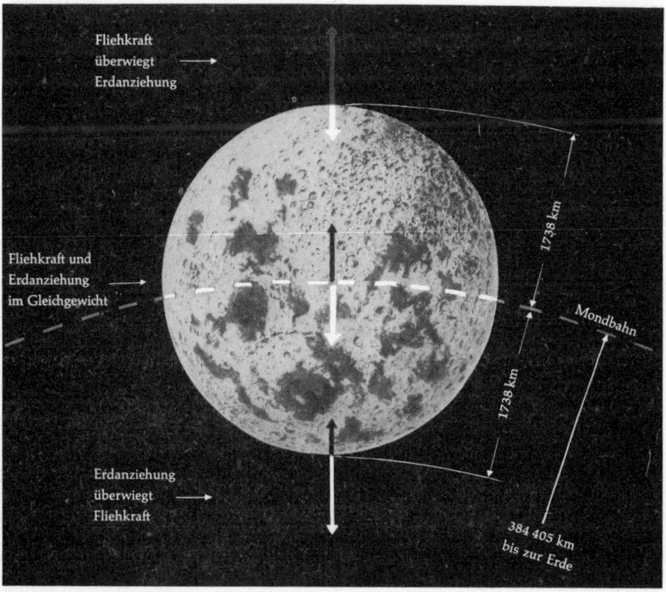

Unser Erdmond ist im Mittel 384 405 Kilometer von der Erde entfernt. Die nach dem 3. Keplergesetz zu dieser Entfernung gehörende Umlaufgeschwindigkeit ist 3683 Kilometer in der Stunde. Damit braucht der Mond eben einen Monat, um in seiner Bahn umzulaufen. Diese Geschwindigkeit gilt jedoch genau nur für die Mitte des Mondes. Die der Erde abgewandten, erdfernsten Teile haben bei einem Umlauf einen längeren Weg zurückzulegen, da sie um den Mondradius (= 1738 Kilometer) weiter draußen laufen. Sie laufen daher schneller, und das bedeutet zu schnell, denn nach dem 3. Keplergesetz sollten sie langsamer laufen.

Bei ihnen ist das Gleichgewicht zwischen Fliehkraft und Erdanziehung gestört. Die Fliehkraft überwiegt, zwar nur um 0,5 Millinewton für das Kilogramm, aber es muß doch eine Kraft geben, die dieses Kilogramm am Ausbrechen hindert, genau wie ein Auto nur durch die Straßenhaftung in einer Kurve gehalten wird. Für das Kilogramm auf dem Mond ist diese festhaltende Kraft die Gravitation des Mondes, also das Gewicht, das dort für das Kilogramm 1,65 Newton beträgt.

Bei den der Erde zugewandten, erdnächsten Teilen ist alles gerade umgekehrt. Hier überwiegt die Erdanziehung, und da sie dort vom Mond weg gerichtet ist, tritt auch hier ein Gewichtsverlust ein.

Nun könnte man meinen, 0,05 Millinewton, entsprechend 5 Milligramm, seien doch lächerlich wenig, und die ganze Betrachtung bleibe eine Spitzfindigkeit. Aber auch die 0,05 Millinewton haben eine Wirkung, da der Mond als Körper kosmischer Größe ja nicht »fest« in irdischem Sinn ist. Er wird durch die überwiegende Fliehkraft in der Richtung von der Erde weg und durch die überwiegende Erdanziehung in Richtung auf die Erde zu ein wenig gestreckt, eiförmig verzogen, nicht viel, nur wenige Kilometer. Man

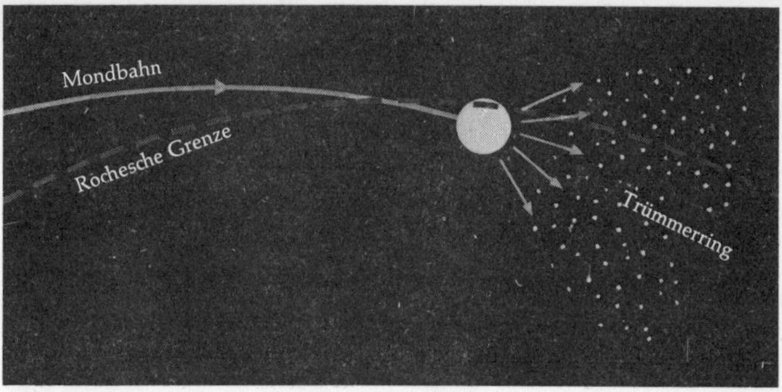

Ein Mond wird zerrissen, wenn er die Rochesche Grenze seines Planeten überschreitet.

kann diese Verformung durch genaue Messungen feststellen. Die Folgen wären aber weniger harmlos, wenn unser Mond weniger weit von der Erde entfernt wäre. Bei 100 000 Kilometer wäre der Gewichtsverlust seiner erdfernsten und erdnächsten Teile schon 2 Millinewton, bei 20 000 Kilometer wäre er 0,26 Newton und würde bei 10 400 Kilometer 1,65 Newton erreichen. Das ist das Gewicht des Kilogramms auf dem Mond, die Kraft, mit der der Mond seine Teile zusammenhält.

So gibt es für jeden Planeten einen Abstand – er heißt nach seinem Berechner, dem französischen Mathematiker Roche, die »Rochesche Grenze« –, an dem der Gewichtsverlust fast plötzlich so groß wie das Gewicht selbst wird. Ein Mond oder ein anderer Himmelskörper, der diese Grenze überschreitet, verfällt einem katastrophalen Schicksal. Schon bei der Annäherung an diese Grenze wird er zunehmend in die Länge gezogen, und nun lösen sich seine planetenfernsten und -nächsten Teile von ihm. Die einen werden von der übermächtigen Fliehkraft so weit hinausgetragen, bis die dabei abnehmende Geschwindigkeit mit der erreichten Entfernung nach dem 3. Keplergesetz übereinstimmt, die anderen werden entsprechend weit nach innen gerissen.

Da die Gravitation des Mondes durch diesen Masseverlust abnimmt, kann er nun seine Teile erst recht nicht mehr zusammenhalten. Er zerfällt vollständig in lauter Trümmer, die, mit kosmischen Maßen gemessen, klein sind, weil nur solche durch ihre Festigkeit zusammenhalten.

Die Trümmer werden in die Breite zerstreut und bilden dann, durch ihre verschiedenen Umlaufzeiten um den ganzen Planeten verteilt, einen breiten, flachen Trümmerring.

Der Saturnring liegt innerhalb der Rocheschen Grenze des Saturn. Man erklärt sich daher seine Entstehung so, daß Saturn einen Mond hatte oder daß es einen anderen Weltkörper gegeben hat, der ihm zu nahe kam. Da wurde er zerrissen und in den Trümmerring verwandelt, der dem Saturn sein sonderbares Gesicht gibt. Wie steht es da mit unserem Mond? Bei der Erde liegt die Rochesche Grenze in einer Entfernung von etwa 10 400 Kilometern vom Erdmittelpunkt. Unser Mond ist 384 405 Kilometer entfernt. Ihm kann also nicht so leicht etwas passieren.

Man macht den Vorgang, durch den Saturn zu seinem Ring gekommen ist, auch für die Entstehung der Planetoiden verantwortlich.

Die Planetoiden oder »Kleinplaneten« sind kosmisch kleinere Körper, die zwischen den Planeten Mars und Jupiter um die Sonne laufen. Der größte, »Ceres«, mißt 780 Kilometer, und es gibt sie in allen Größen, wahrscheinlich bis herunter zu Stecknadelkopfgröße. Ihre Gesamtzahl ist nicht zu beziffern. Soweit man sie mit unseren besten Fernrohren noch feststellen kann, schätzt man ihre Zahl auf 44 000. Bei einigen läßt ein Helligkeitswechsel vermuten, daß es sich um unregelmäßig geformte Körper handelt.

Was sie kosmogonisch besonders interessant macht, ist der Umstand, daß sie an einer Stelle des Planetensystems umlaufen, wo ein richtiger Planet »fehlt«. Die Abstände, in

denen die Planeten um die Sonne laufen, folgen nämlich einer Regel, die als »Titus-Bode'sche Regel« bezeichnet wird, die im wesentlichen darin besteht, daß jeder Planet doppelt so weit von der Sonne entfernt ist wie sein innerer Nachbar.
Nach dieser Regel fehlt ein Planet zwischen Mars und Jupiter. An seiner Stelle finden wir einen breiten Gürtel von Planetoiden, die den Eindruck machen, als ob sie Trümmer eines früher dort kreisenden Planeten seien.
Wenn wir von der Entstehung der Planeten sprechen, werden wir sehen, daß sie auch Materiereste aus der Jugendzeit der Sonne sein können, die nie einen Planeten gebildet haben. Es spricht aber doch manches dafür, daß sie Bruchstücke eines größeren Planeten sind.
Wie könnten sie dann entstanden sein?
Es gibt begeisterte Pessimisten, die glauben, daß dieser Planet von ähnlich unvernünftigen Wesen, wie wir Menschen, bewohnt gewesen und durch eine Atombombe oder einen Atomkrieg oder etwas ähnliches zertrümmert worden sei.
Wir wissen eine bessere Lösung als die Beschwörung eines solchen Irrsinns von kosmischem Maß.
Wenn sich zwei Planeten bei ihrem Umlauf um die Sonne nahekommen – man nennt diese Stellung Konjunktion – so ziehen sie sich nach dem Gravitationsgesetz besonders stark an.
Diese Erscheinung hat zur Entdeckung des Planeten Neptun geführt. Der Lauf des Uranus zeigte immer wieder unerklärliche »Störungen«. Man vermutete als Ursache einen unbekannten Planeten, dessen Gravitation den Uranus aus der Bahn zog. Der französische Mathematiker Leverrier unternahm es, aus diesen Störungen zu berechnen, wo sich dieser Planet befinden müßte. Es war ein Triumph der rechnenden Astronomie, daß man ihn dann genau an der Stelle fand.
So zieht jeder Planet gelegentlich einer Annäherung seinen

Nachbarn aus der Bahn. Im allgemeinen – nämlich, wenn die Umlaufszeiten der Planeten nicht in einem einfachen Zahlenverhältnis stehen – geschieht dies wechselnd an verschiedenen Stellen der Bahn und gleicht sich so über lange Zeiträumen hinweg aus.

Wenn dagegen beispielsweise in der Zeit, die ein Planet für einen Umlauf braucht, sein innerer Nachbar gerade deren zwei macht, wenn also ihre Umlaufszeiten in dem einfachen Zahlenverhältnis 1:2 stehen, so treffen sich die Planeten immer wieder an der gleichen Stelle. Dann summieren sich die störenden Wirkungen, und die Bahnen nähern sich mit der Zeit am Treffpunkt immer mehr. So geraten schließlich die Planeten aneinander, womit eine kosmische Katastrophe fällig wird.

Es ist darum für die Beständigkeit unseres Planetensystems entscheidend, daß die Zahlenverhältnisse der Umlaufszeiten nicht einfach sind.

Sie sind beispielsweise 31:12, 47:35, 35:14 usw. Unser Planetensystem ist daher stabil.

Der fehlende Planet aber war gefährdet. Seine Umlaufszeit nach der Titius-Bode'schen Regel hätte zu der des benachbarten Jupiter im Zahlenverhältnis 2:5 stehen können. Das heißt: Jupiter wäre zwar nicht wie oben bei jedem zweiten Umlauf des Unglücksplaneten zur Stelle gewesen, sondern nur bei jedem fünften. Jupiter hat aber mit Abstand die größte Masse unter den Planeten – mehr als doppelt so viel wie alle anderen zusammen! – und damit die stärkste Anziehungskraft; so wurden auch die unter anderen Umständen vielleicht unbedenklichen Begegnungen seinem Nachbarn gefährlich.

Nach den Gesetzen der Himmelsmechanik zog sich dessen wie bei allen Planetenbahnen ursprünglich fast kreisförmige, zur Jupiterbahn konzentrische Bahn in Richtung auf den immer an der gleichen Stelle liegenden Treffpunkt in die

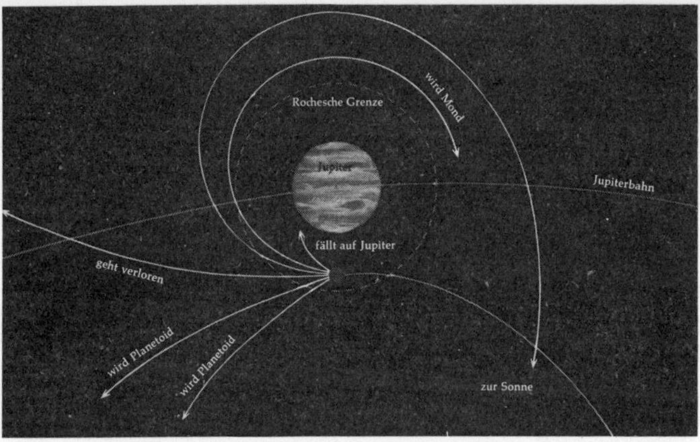

Wenn ein kleinerer Körper die Rochesche Grenze des größeren überschreitet, wird er zerrissen. Dies geschah wahrscheinlich mit einem kleineren Planeten, der in die Nähe Jupiters geriet.

Länge. Dann bedurfte es nicht einmal eines direkten Zusammenstoßes mit dem Jupiter. Es genügte, wenn der Unglücksplanet die Rochesche Grenze Jupiters überschritt, um das Schicksal des zertrümmerten Saturnmondes zu erleiden.

Was wissen wir von diesem Planeten und dem Schicksal seiner Trümmer?

1. Er kann nicht sehr groß gewesen sein, sonst hätte auch er seinerseits die Jupiterbahn merklich gestört. Sie läßt jedoch keinerlei Einwirkung erkennen.

2. Man schätzt die Gesamtmasse aller Planetoiden auf etwa ein Zehntel der Erdmasse. Nimmt man nach der sonstigen Verteilung der Planetengrößen an, daß der Planet etwa so groß wie die Erde war, so wären neun Zehntel bei der Katastrophe verloren gegangen.

3. Das eine Zehntel kreist vieltausendfach zertrümmert und in die Breite zerstreut in dem Bereich zwischen Mars und

Jupiter, wo der Planet früher lief und bildet jene Himmelskörper, die man Planetoiden nennt.

4. Wir sehen ohne weitere Erklärung, daß dort, wo die Umlaufszeit in einem einfachen Zahlenverhältnis zur Umlaufszeit Jupiters steht, sich kein Planetoid auf die Dauer halten kann. Ihm würde das gleiche Schicksal blühen, wie dem Unglücksplaneten. Solche »Kommensurabilitätslücken« finden wir bei den Zahlenverhältnissen 1:2, 1:3, 2:5 und 3:7. In diesen Bereichen laufen keine oder nur ganz vereinzelte Planetoiden.

5. Kommensurabilitätslücken finden wir auch im Ring des Saturn. Dort, wo die Umlaufszeit in einem einfachen Zahlenverhältnis zur Umlaufszeit des nächsten Saturnmondes steht, ist eine dunkle »Teilung« des Rings, ein Bereich, in dem kein Trümmerstück umläuft. Dort konnte sich keines halten, weil es durch die Anziehungskraft des Mondes herausgeholt wurde. Der Ring ist daher ein »Ringsystem«, ein Gebilde von mehreren konzentrisch ineinanderliegenden Ringen.

6. Von den restlichen neun Zehnteln des Unglücksplaneten muß man annehmen, daß sie von der übermächtigen Gravitation des nahen Jupiter so gründlich aus ihrer Bahn gerissen wurden, daß sie sich nach allen Richtungen zerstreut haben.

Ein Teil ging im Weltraum verloren. Ein Teil stürzte auf den nahen Jupiter. Einige wurden wahrscheinlich von Jupi-

Im Saturnring sind dort Kommensurabilitätslücken, wo die Umlaufszeit mit der des nächsten Saturnmondes ein einfaches Zahlenverhältnis bildet.

ter und Saturn als Monde eingefangen, wie wir im nächsten Kapitel sehen werden.

Der Hauptteil aber ist wahrscheinlich zur Sonne hin abgestürzt, die ja im Planetensystem »unten« ist. Es muß damals ein gewaltiger Hagel von Planetentrümmern auf die inneren Planeten – Mars, Erde, Venus und Merkur – niedergegangen sein. Vielleicht entstand die Zernarbung der Oberfläche, die wir beim Mars und beim Mond finden und sicherlich ebenso beim Merkur finden werden, durch den Einschlag solcher Trümmer. Auf der Erde hat die Verwitterung die Spuren dieser fernen Katastrophe schon längst ausgelöscht. Ebenso dürfte es auf der Venus sein; denn diese beiden Planeten haben eine dichte Atmosphäre.

7. Kleine und kleinste Bruchstücke des Unglücksplaneten könnten die Herkunft der Kometen, Meteore und Sternschnuppen bilden.

Die Kometen oder Schweifsterne sah man früher, wie alles, was sich der kosmischen Ordnung nicht zu fügen schien, als Unheilbringer an; sie erscheinen tatsächlich meist unerwartet auf ungewöhnlichen Bahnen und wirken mit ihrem langen Schweif irgendwie beängstigend. Einen großen Kometen hat es seit vielen Jahrzehnten nicht mehr gegeben, so daß das Aussehen ziemlich unbekannt geworden ist.

Die Kometen bewegen sich auf Bahnen, die im Gegensatz zu den Planetenbahnen sehr langgestreckte Ellipsen sind und sie weit von der Sonne weg in den Raum hinaus und dann wieder in die Nähe der Sonne führen. In Sonnenferne sind sie unsichtbar, da sie nur an die 10 Kilometer messen. Sie sind wahrscheinlich Ansammlungen von einigen Tausend Tonnen »kosmischen Staubes« mit Anteilen von Cyan, Natrium, Kohlenoxyd und Stickstoff. Wenn sie sich der Sonne nähern, werden die Gase verdampft, die bis dahin gefroren waren, und dann wahrscheinlich durch die Sonnenstrahlung ähnlich wie das Neon in unseren Gasent-

Der große Meteoritenkrater in Arizona ist 174 m tief und hat einen Durchmesser von 1200 m. Er ist vor etwa 25 000 Jahren entstanden.

ladungslampen zum Leuchten angeregt. Sie bilden den sichtbaren Kopf und Schweif des Kometen.

Das Vorhandensein der Gase läßt sich nur erklären, wenn die Kometen Bruchstücke eines größeren Weltkörpers sind. Nur ein solcher hat genug Anziehungskraft, um Gase so festzuhalten, daß sie gefrieren können. Die Masse der Kometen ist viel zu klein dafür.

Die Planetoiden haben vereinzelt ähnliche, wenn auch nicht ganz so exzentrische Bahnen. Einer namens »Hidalgo« läuft bis zum Saturn hinaus und dann wieder fast bis zum Mars herein. »Ikarus« stößt sogar bis innerhalb der Merkurbahn vor. Es liegt daher nahe, die Kometen in Beziehung zu den Planetoiden zu setzen. Andererseits gibt es auch Kometen, die aus solchen Fernen hereinkommen, daß sie nicht aus dem Bereich des Planetensystems stammen können. Die Herkunft der Kometen ist daher nicht eindeutig bestimmt und daher unsicher.

Meteore und Sternschnuppen sind meist kleinste bis winzige Körper, »Meteoriten« genannt, die beim Eindringen in die Atmosphäre Leuchterscheinungen verursachen.
Sind die Meteoriten Körnchen von ein Zehntel Gramm oder weniger, so werden sie Sternschnuppen, die in etwa 100 Kilometer Höhe verglühen. Sind sie größer, so werden sie zu Meteoren oder Feuerkugeln, die tiefer in die Atmosphäre eindringen und gelegentlich bis auf die Erde heruntergelangen, wo man sie unter günstigen Umständen auch auffindet. Bevor wir Materie vom Mond herunterholten, waren sie die einzige uns zugängliche außerirdische Materie und daher von höchstem Interesse. Die meisten Meteoriten gehen nicht über Faustgröße hinaus und bestehen teils aus Gestein, teils aus metallischem Eisen, und damit aus Stoffen, aus denen auch die Erde besteht. Da sich solche Gesteine nur unter hohem Druck, also nur in einem großen Planeten bilden können, sind sie eine Stütze der Vermutung, daß sie Bruchstücke eines solchen Planeten sind.
Die größten Meteoriten, deren Gewicht man auf einige Millionen Tonnen schätzt, erzeugen bei ihrem Einschlag auf der Erde Meteoritenkrater, unter denen einer in Arizona, einer im Nordwesten der Provinz Quebeck und das Nördlinger Ries in Süddeutschland die gewaltigsten sind.
Da es besonders eindrucksvolle und reiche Meteor- und Sternschnuppenfälle gibt, wenn die Erde die Bahn eines Kometen oder gar seinen Schweif kreuzt, ist sicher, daß auch die Kometen in engster Beziehung zu den Meteoriten stehen.
So ist es nach allem eher wahrscheinlich, daß die Planetoiden, Kometen, Meteore und Sternschnuppen eine Familie bilden und Überreste eines Planeten sind, der einst zwischen Mars und Jupiter lief und durch die gleichen Kräfte zertrümmert wurde, die auch dem Saturn seinen Ring gegeben haben.

Kapitel 5

Wie kam die Erde zu ihrem Mond?

Die Frage, wie die Erde zu ihrem Mond kam, hat nicht erst seit den Mondflügen die Gemüter bewegt. Die verschiedenen Möglichkeiten hat man schon zu viel früherer Zeit kritisch geprüft und weiß darum, welche Hypothese möglich und welche unmöglich ist.

Der Mond fällt unter seinesgleichen vor allem durch seine unverhältnismäßige Größe auf. Mit einem Durchmesser von 3476 Kilometern ist er der fünftgrößte unter den 30 Monden des Planetensystems. Mißt man ihn an der Größe seines Planeten – also der Erde – so beträgt sein Durchmesser mehr als ein Viertel des Erddurchmessers, während der Jupitermond Ganymed, der größte Mond überhaupt, nur ein Dreißigstel des Jupiterdurchmessers mißt. Außerdem kreist unser Mond im Vergleich zu vergleichbaren Monden ungewöhnlich weit draußen um die Erde. Er ist 61 Erdradien von ihr entfernt, während der äußerste große Mond Jupiters nur 26 Jupiterhalbmesser entfernt ist. Wie kann ein solcher Mond entstanden sein?

Um die Aufgaben einer Erklärung zu erkennen, müssen wir ein wenig Himmelsmechanik treiben.

Nach dem 1. Gesetz Keplers laufen kosmische Körper stets in »Kegelschnitten« – das sind Ellipsen, Parabeln oder Hyperbeln – umeinander, wobei praktisch der schwerere Körper in einem Brennpunkt steht. Die Ellipsen können fast kreisförmig sein, wie bei den Planeten, oder sehr langgestreckt wie bei den Kometen, und wenn sich ein Körper aus unendlicher Entfernung nähert, wird die Ellipse zur Parabel oder Hyperbel.

Wenn wir dieses bißchen Himmelsmechanik im Auge behalten, genügt es für unsere Zwecke.

Und nun die Frage: Wie ist die Erde zu ihrem Mond gekommen?

Es gibt eine Ansicht, nach der einst ein anderer Himmelskörper, zum Beispiel ein riesiger Meteorit, vielleicht sogar ein Stück jenes Unglücksplaneten aus dem vorigen Kapitel, mit der Erde zusammengestoßen sei und dabei einen gewaltigen Brocken aus ihr herausgesprengt habe; denn eine Rechnung zeigt, daß Meteoriten von mehr als 100 Tonnen durch die beim Aufschlag freiwerdende kinetische Energie vollkommen verdampfen, also wie ein Sprengmittel wirken. Der herausgesprengte Brocken sei der Mond, und das Loch, das dabei entstanden sei, sei das große Tiefbecken des Pazifischen Ozeans.

Diese Ansicht ist viel zu sehr dem irdischen Festigkeitsbegriff verhaftet. Ein »Brocken« von Mondgröße bleibt beim Heraussprengen nicht beisammen wie ein kleiner Granatsplitter, da er ja nicht »fest« ist, sondern wird in alle Richtungen zerstäubt. Und die riesige Senke des Pazifischen Ozeans bedarf keiner solchen Erklärung. Sie hat rein geologische Gründe, denn der Untergrund aller Meere besteht aus schwererem Gestein als die Kontinente und sinkt darum tiefer ein als diese.

Der angenommene Vorgang ist aber vor allem mit den einfachsten Gesetzen der Himmelsmechanik unvereinbar. Wenn ein solcher Brocken herausgeschleudert wird, beschreibt er nach dem 1. Keplergesetz eine Ellipse, und da eine Ellipse eine in sich geschlossene Kurve ist, kehrt der Brocken unabdingbar nach einem Umlauf an den Ausgangspunkt – zur Erde – zurück. Ein aus der Erde herausgeschossener Brocken – man mag ihn so hoch schießen wie man will – fällt also wie ein hochgeworfener Stein wieder auf die Erde zurück (wenn er nicht überhaupt in den Fernen des Kosmos verloren geht) und gelangt nie in eine fast kreisförmige Bahn um die Erde herum, wie sie unser Mond beschreibt.

Aus dem gleichen Grund müssen unsere Raketen nach dem Abschuß erst noch umgelenkt werden, damit sie nicht wieder abstürzen, sondern in eine Umlaufbahn gelangen.

So kann also unser Mond nicht entstanden sein, denn wir müssen nicht nur sein Vorhandensein, sondern auch die Form seiner Bahn erklären.

Eine zweite Ansicht vermeidet diese Schwierigkeit. Nach ihr wird angenommen, daß sich die Erde früher viel schneller drehte. Wenn der Tag damals statt 24 Stunden etwa 4 Stunden gedauert hätte, wäre die Erde stark abgeplattet gewesen und hätte einen $2^1/_2$mal so großen Äquatordurchmesser wie heute gehabt. Dann wäre die Fliehkraft so stark gewesen, daß sie am Äquator das Gewicht aufgehoben hätte. Es habe sich ein Teil – der Mond – von der Erde gelöst, sei von »Gezeitenkräften« erfaßt und zunächst rascher und später immer langsamer von der Erde entfernt worden. Der Vorgang sei nicht abgeschlossen und habe zur Folge, daß der Mond sich heute noch jährlich um 12,5 cm von der Erde entferne.

Das Hinausschaffen des Mondes verbrauchte wie das Heben eines Gewichts Energie. Diese Energie sei aus der Drehungsenergie der Erde, die man ja als ein gewaltiges Schwungrad ansehen kann, gekommen, so daß die Erddrehung dabei verlangsamt und der Tag auf seine heutige Dauer verlängert worden sei. Hier hat man geschätzt, daß sich der Tag in den letzten 120 000 Jahren noch um 1 Sekunde verlängert habe.

Die erwähnten Gezeitenkräfte gibt es zwar theoretisch, sie sind aber außerordentlich gering, so daß es noch nicht gelungen ist, ihre wirkliche Größe festzustellen. Es handelt sich bei ihnen um verwickelte Wechselwirkungen zwischen dem Mond und den von ihm auf der Erde erzeugten Gezeiten, deren Betrachtung hier wenig Sinn hätte, da es genug Gründe gibt, warum der Mond nicht auf diese Weise entstanden sein kann.

1. Wenn man berechnet, wie groß die Drehungsenergie der Erde bei einer Umdrehung in 4 Stunden war, und wie groß sie heute ist, so reicht die Differenz nicht aus, den Mond so weit hinauszuschaffen.

2. Nach dieser Hypothese wäre der Mond durch Fliehkraft am Äquator abgelöst worden. Er müßte dann auch heute noch über dem Äquator umlaufen. Das tut er aber nicht. Seine Bahn liegt mit einer kleinen Abweichung in der Ebene der Planetenbahnen, und diese bildet mit der Äquatorebene einen Winkel von über 23 Grad.

3. Der gewichtigste Einwand aber ist, daß nach dieser Hypothese der Mond innerhalb der Rocheschen Grenze entstanden wäre. Da sich aber nicht einmal ein vorhandener Mond dort halten kann, kann sich erst recht keiner in diesem Bereich gebildet haben.

Eine dritte Ansicht sagt, daß der Mond ein aus dem Kosmos stammender Körper sei, den die Erde mit ihrer Anziehungskraft eingefangen habe. Das 1. Gesetz Keplers, das ja gerade feststellt, was unter der Wirkung dieser Anziehungskraft geschieht, sagt jedoch: ein solcher Körper beschreibt eine Parabel oder eine Hyperbel. Beide aber sind offene Kurven, die den Körper nach einer Begegnung mit der Erde auf Nimmerwiedersehen in den Kosmos zurückführen. Der Mond ist also auch nicht eingefangen.

Mit dieser Antwort dürfen wir uns aber nicht ohne weiteres zufriedengeben, denn es gibt Monde, die sehr wahrscheinlich eingefangen sind. Es handelt sich um die 7 äußeren Monde Jupiters und den äußersten Mond des Saturn. Die inneren 5 Monde Jupiters und die inneren Monde Saturns laufen genau in der Äquatorebene ihres Planeten beinahe in konzentrischen Kreisen und in gleichem Sinne wie der Planet sich selbst dreht. Sie stehen offensichtlich in einer strengen, organischen Beziehung zu ihm, müssen in engstem Zusammenhang mit ihm entstanden sein und darum schon immer zu ihm gehört haben.

Die 7 äußeren Monde Jupiters und der äußerste Mond des Saturn dagegen sind nicht nur durch eine auffällige Lücke von den anderen getrennt und viel kleiner – sie messen durchschnittlich nur ein Dreißigstel von ihnen –, sondern laufen in stark exzentrischen, ungeordneten, ganz zufällig im Raum liegenden Bahnen, zum Teil sogar »rückläufig«, also in entgegengesetzter Richtung um den Planeten, wie dieser sich selbst dreht. Sie stehen also in einer zufälligen Beziehung zu ihm und sind darum wahrscheinlich eingefangen.

Es muß demnach möglich sein, daß ein Planet sich einen Mond einfängt. Das ist tatsächlich denkbar.

1. wenn der Planet wie Jupiter und Saturn sehr groß ist, also eine starke Gravitation hat,

2. wenn der eingefangene Körper, wie die genannten 8 Monde, von verhältnismäßig geringer Größe ist,

3. wenn er sich dem Planeten in einer Bahn nähert, die sich der Planetenbahn anschmiegt, und

4. wenn er dabei eine Geschwindigkeit hat, die nicht viel größer als die des Planeten ist.

Alle diese Bedingungen zusammen können nur von Körpern erfüllt werden, die aus dem Bereich des Planetensystems stammen. Was aus dem fernen Kosmos kommt, läuft in parabel- oder hyperbelförmigen Bahnen, deren Form viel zu weit ab von der einer Planetenbahn liegt, um sich ihr anschmiegen zu können, und mit viel zu hohen Geschwindigkeiten. Die erwähnten 8 Monde sind daher sehr wahrscheinlich eingefangene Planetoiden, da nur diese nach Größe, Bahnform und Geschwindigkeit den Bedingungen entsprechen können.

Daß sich die Erde auf diese Weise einen Planetoiden – den größten! – als Mond eingefangen haben könnte, bleibt aber unmöglich.

1. Sie ist viel zu klein dafür. Ihre Masse beträgt nur ein Hundertstel der Saturnmasse und nur ein Dreihundertstel der Jupitermasse.

2. Der Mond ist viel zu groß dafür. Seine Masse ist mehr als 1000mal so groß wie die der größten von Jupiter oder Saturn eingefangenen Planetoiden.

3. Seine Bahn hätte sich, wie die des »Ikarus« aus dem vorigen Kapitel zwar der Erdbahn einigermaßen anschmiegen können, doch wäre dann

4. seine Geschwindigkeit viel zu groß gewesen. Ein Planetoid, den seine Bahn gerade bis an die Erdbahn herangeführt hätte, hätte dort eine Geschwindigkeit von 50 km/s gegen 30 km/s der Erde gehabt. Wenn es der Erde überhaupt hätte gelingen können, ihn in der kurzen Zeitspanne der Annäherung so stark zu beeinflussen, daß sich seine Bahn zu einer Mondbahn geschlossen hätte, wäre diese stark exzentrisch wie die der 8 eingefangenen Monde, nicht aber fast kreisförmig wie die unseres Mondes geworden.

Der Mond ist also keinesfalls eingefangen.

Er bekommt seine ganz besondere Note durch den Umstand, daß er als einziger von allen Monden außerhalb des Bereichs läuft, in dem die Anziehungskraft des Planeten die der Sonne überwiegt.

Brächte man einen Körper zwischen Erde und Sonne, so fiele er zumeist auf die Sonne, weil deren Gravitation viel stärker ist als die der Erde. Nur wenn er der Erde näher wäre als

262 000 km, fiele er zur Erde hin, weil von dieser Grenze an die Anziehungskraft der Erde überwiegt. Unser Mond läuft aber außerhalb dieser Grenze, bei 384 000 km. Man könnte darum mit Recht sagen, er gehöre gar nicht der Erde, sondern der Sonne. Er wird in erster Linie von der Sonne und erst in zweiter Linie von der Erde in seiner Bahn geführt.

Zeichnet man seine Bahn in den richtigen Verhältnissen, wie es auf dem unteren Bild geschehen ist, so erkennt man deutlich, daß er nicht etwa um die Erde kreist und dabei von ihr um die Sonne geführt wird, wie es bei einem Jupitermond und dem Jupiter geschieht, sondern daß er um die Sonne läuft und dabei von der Erde ein wenig herumgeschwenkt wird. So wenig, daß sich seine Bahn kaum merklich änderte, wenn man die Erde wegnähme. Das heißt: er läuft in Wirklichkeit auf einer von der Erde ein wenig »gestörten« Planetenbahn.

Nimmt man dazu, daß er, wie schon gesagt, praktisch Planetengröße hat und fast in der Ebene der Planetenbahnen läuft, so sieht man, daß er eigentlich kein Mond, sondern ein kleinerer Planet ist.

Erde und Mond sind ein Doppelplanet, ja sogar ein Zwillingspaar, das auf gleicher Bahn um die Sonne läuft und dabei umeinanderkreist.

Die Erde ist also nicht nachträglich irgendwann zu ihrem Mond gekommen, sondern hat ihn schon immer gehabt. Er ist gleichzeitig mit ihr wie ein Planet entstanden. Wie das geschehen ist, wird uns im 7. Kapitel beschäftigen.

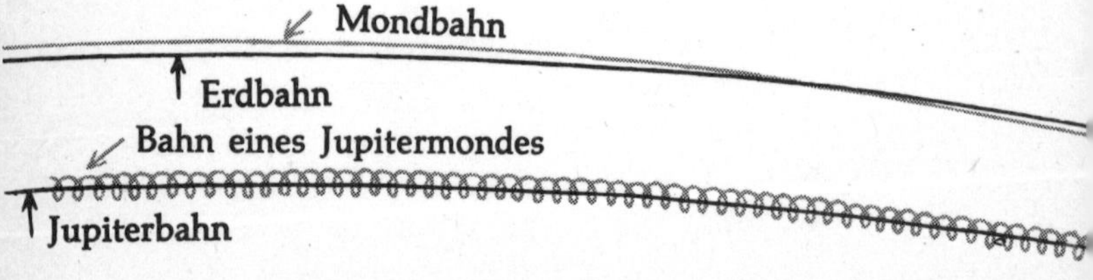

Kapitel 6

Die Entstehung der Sonne

Wenn man die Sonne nicht als etwas Selbstverständliches nimmt, weil sie nun eben einmal da ist, ist sie ein unwahrscheinliches Wunderding von unvorstellbarer Urgewalt.

Da haben wir mitten in der leeren Weite des kosmischen Raumes eine ungeheure Zusammenballung von 2000 Quadrillionen Tonnen Materie, im wesentlichen aus Wasserstoff und Helium bestehend, aber auch 20 Quadrillionen Tonnen schwererer Elemente enthaltend, in Form einer Kugel von 1 400 000 Kilometern Durchmesser mit einer 5500 Grad heißen Oberfläche, seit Jahrmilliarden eine Kraft von 370 000 Trillionen Kilowatt in den Raum hinausschleudernd. Durch diese gewaltige Energieerzeugung verzehrt sich die Sonne im Lauf der Zeit. Sie bleibt daher nicht ewig gleich, sondern hat eine Entwicklung und muß schließlich ein Ende haben. Sie muß darum auch einmal einen Anfang gehabt haben.

Wie konnte etwas so Gewaltiges entstehen? Woher kam die Materie? Wie konnte sie sich in so unvorstellbarer Menge im leeren Raum zusammenballen? Wie bringt es die Sonne fertig, eine so ungeheure Energie über so lange Zeit hinweg zu erzeugen?

Darüber, wie die Sonne entstanden ist und wie ihre Entwicklung verläuft, ließe sich kaum etwas aussagen, wenn sie etwas Einmaliges im Kosmos wäre. Solange man sie schon beobachtet, zeigt sie nicht die geringste bleibende Veränderung. Ihre Entwicklung schreitet so langsam fort, daß der Zeitraum, auf den wir uns stützen können, viel zu kurz für eine direkte Beobachtung ist. Aber die Sterne sind Sonnen wie die unsere. Was sie von ihr unterscheidet, ist nur die Entfernung, die schon bei den allernächsten mehr als das 40 000-fache der Sonnenentfernung beträgt. Obwohl es unter ihnen viele gibt, die größer und heller sind als die Sonne, erscheinen sie uns darum nur als feinste Lichtpünktchen.

Für alle gelten die gleichen Gesetze. Was wir an den Sternen beobachten können, liefert uns auch Hinweise auf die Sonne. Wir werden uns aber erst im übernächsten Kapitel damit zu beschäftigen haben, denn fertige Sterne können uns kaum etwas über Vorgänge und Entwicklungen verraten, die vor ihrem Sichtbarwerden als Sterne liegen. Ihr Werden liegt im Dunkel des kosmischen Raums verborgen.

Trotzdem gibt es Beobachtungen und daran geknüpfte Berechnungen, die ein ziemlich zuverlässiges Bild der Vorgänge geben, die schließlich zu fertigen Sternen führen.

Der Augenschein zeigt, daß sich im Kosmos zahllose Sterne befinden, die durch ungeheure leere Räume voneinander getrennt sind. Denkt man sich die Sonne mit ihrem Durchmesser von 1,4 Millionen Kilometern auf die Größe einer Kirsche verkleinert, so beträgt die durchschnittliche Entfernung der Sterne voneinander 1000 Kilometer. Eine Kirsche in Berlin, eine in Rom, eine in Paris, eine in Moskau: das etwa ist das Maß, in dem die Sterne den Raum erfüllen.

Der Augenschein trügt aber insoweit, als der Raum zwischen den Sternen nicht völlig leer, sondern von äußerst fein verteilter Materie erfüllt ist. Das Licht fernster Sterne kommt nämlich ein wenig schwächer bei uns an, als es der Entfernung nach sollte und ist ein wenig röter, wie auch die untergehende Sonne schwächer und röter scheint, weil sie dickere Luftschichten zu durchdringen hat.

Diese Materie ist so dünn verteilt, daß im Durchschnitt auf den Kubikzentimeter, der in unserer Atmosphäre 27 Trillionen Moleküle oder Atome enthält, nur ein halbes Atom entfällt. Der Druck im höchsten mit unseren technischen Mitteln herstellbaren Vakuum ist 30 Millionen mal so hoch. Die Beobachtungen lassen den Schluß zu, daß diese »interstellare Materie« zu 99% aus gasförmigem Wasserstoff mit geringen Mengen Helium und zu 1% aus staubförmigen schwereren Elementen besteht. Die Staubteilchen messen etwa einen Zehntausendstel Millimeter und sind so spärlich verteilt, daß eins auf 5 Millionen Kubikmeter kommt.

Trotz dieser äußersten Verdünnung rechnet man heute damit, daß sich die gesamte kosmische Materie etwa zu gleichen Teilen auf die Sterne und die interstellare Materie verteilt. Im kosmischen Raum gibt es also große, wenn auch sehr dünn verteilte Mengen Wasserstoff mit Helium und geringen Beimischungen staubförmiger schwererer Elemente. Diese Feststellung ruft eine zweite auf den Plan, nämlich, daß die jüngsten Sterne eben diese Zusammensetzung haben. Die interstellare Materie könnte also der Baustoff sein, aus dem neue Sterne entstehen. Woher diese Materie kommt, ist die schwierigste Frage dieses Buches. Das ganze 11. Kapitel wird davon handeln. Wir nehmen sie zunächst als gegeben hin. Dagegen müssen wir sehen, wie sich aus dieser dünnen Atmosphäre Sterne bilden können. Man kann feststellen, daß sich die interstellare Materie nicht gleichmäßig im Raum verteilt. Sie bildet regellose Schwaden, in welchen vielleicht 2 bis 3 Atome auf den Kubikzentimeter kommen, und die in ungeordneten Bewegungen und Strömungen durch den Raum ziehen. Sie begegnen sich, stoßen zueinander und bilden so gelegentlich auch Bereiche größerer Dichte. In ihnen ist zwar die Gravitation bestrebt, die Verdichtung zusammenzuhalten und zu verstärken; meist aber werden die Schwaden durch die Strömungen, die sie zusammengeführt haben, unterstützt durch den inneren Druck, der in einer solchen Verdichtung entsteht, wieder getrennt, so daß sie sich im allgemeinen wieder auflösen.

Dem englischen Astronomen James Jeans gelang es, die Bedingungen zu berechnen, unter denen eine solche Verdichtung bestehen bleibt. Es bedarf dazu einer Materiemenge von mindestens 1000 Sonnenmassen und einer Dichte von mindestens 100 Atomen je Kubikzentimeter. Nur dann ist die Gravitation wirksam genug, um die zerstreuenden Kräfte zu überwinden. 1000 Sonnenmassen sind aber zu viel für einen Stern. Die meisten Sterne haben Massen zwischen einer halben und vier Sonnenmassen. Größere Massen kommen zwar vor, sind aber selten. Der massereichste Stern, den man kennt, ist »Cygnus II« im Schwan mit nahezu 600 Sonnenmassen. Größere Massen sind überhaupt nicht möglich, da sie einen so heißen und strahlungsmächtigen Stern ergeben würden, daß sein Strahlungsdruck – eine Druckkraft, die jede Strahlung ausübt – in den äußersten Schichten die Gravitation überwiegen und damit den Zustrom weiterer Materie verhindern würde.

Die beschriebenen Verdichtungen der interstellaren Materie können also nur eine erste Stufe der Sternentstehung sein. Sie können aber als unregelmäßig geformte schleier- oder wolkenähnliche Gebilde sichtbar werden, wenn sie von einem nahen Stern angestrahlt oder wie das Gas in einer Neonröhre zum Leuchten angeregt werden oder wenn sie das Licht der hinter ihnen liegenden Sterne verdunkeln.

Das heißt: sie sind die sogenannten »galaktischen Nebel«, die meist einige 1000 Sonnenmassen umfassen und eine Dichte von etwa 100 Atomen auf den Kubikzentimeter haben. Der größte unter ihnen ist der schon dem bloßen Auge sichtbare »Orion-Nebel«, die anderen zeigt nur das Fernrohr. Man gibt ihnen Namen, die ihrer Form entsprechen, wie »Nordamerika-Nebel«, »Pferdekopfnebel«, »Rosettennebel«, »Elefantenrüssel« usw. und eine Katalognummer.

In diesen Nebeln geht die Entwicklung weiter. Es bilden sich wieder örtliche Verdichtungen, was einem Zerfall des Nebels in kleinere Wolken gleichkommt. Der Vorgang wiederholt sich im allgemeinen so oft, bis die einzelne Verdichtung einige Sonnenmassen umfaßt und eine Dichte von einigen 10 000 Atomen auf den Kubikzentimeter erreicht. Dann endlich sind sie räumlich so klein, daß sie nicht weiter zerfallen und die Gravitation die unbestrittene Herrschaft hat. Sie nehmen runde Form an und werden in den galaktischen Nebeln als kleine, meist runde Dunkelwölkchen – »Globulen« genannt – sichtbar. Dies ist die früheste Form, in der entstehende Sterne sichtbar werden.

Wenn diese Überlegungen stimmen, dann entstehen Sterne gewöhnlich nicht einzeln, sondern in Gruppen. Tatsächlich sind junge Sterne nicht gleichmäßig im Raum verteilt. Je jünger sie sind, desto deutlicher bilden sie Gruppen, die man »Assoziationen« nennt, von denen man einige 30 kennt, und in welchen sich meist auch noch Nebelreste befinden. Das bekannteste Beispiel sind die »Plejaden« im Stier.

Es ist demnach sicher, daß die Nebel die Geburtsstätte von Sternen sind. In den Globulen geht unter dem Einfluß der Gravitation die Verdichtung weiter. Dabei treten zwei Wirkungen ein.

Wenn sich eine Gasmenge zusammenzieht, beschleunigt sich nach dem Satz von der Erhaltung des Drehimpulses

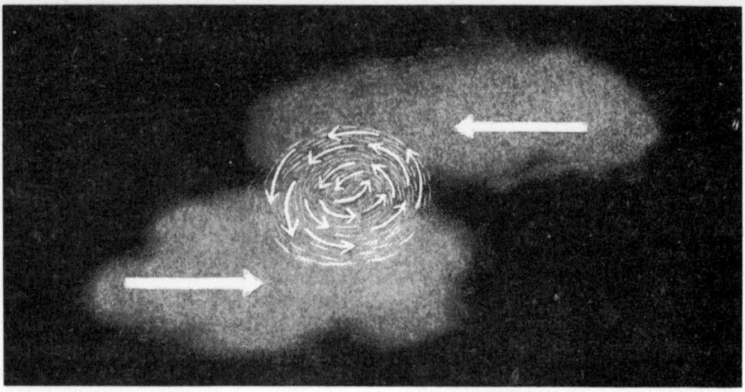

Bei einem streifenden Vorbeigang zweier Schwaden interstellarer Materie entsteht im Berührungsgebiet eine Drehbewegung.

eine schon vorhandene Drehbewegung. Es ist die gleiche Wirkung, die der Eisläufer bei der Pirouette anwendet: er zieht die ausgebreiteten Arme an und gerät dadurch in schnellere Drehung. Man muß annehmen, daß es in jeder Nebelwolke Drehbewegungen gibt. Sie treten nämlich immer auf, wenn die zur Bildung der Wolke führenden Strömungen der interstellaren Materie nicht gerade aufeinandertreffen, sondern streifend aneinander vorbeiziehen. Da praktisch immer das letztere der Fall ist, bekommt jede Wolke und damit auch jeder Teil von ihr eine gewisse Drehbewegung mit. Diese Drehbewegung beschleunigt sich, wenn die Globule sich zum Stern zusammenzieht. Junge Sterne rotieren daher meist rasch.

Die Begleiterscheinungen einer raschen Drehung bewirken, daß im allgemeinen nur die innere Hälfte einer Globule sich zum Stern zusammenzieht. Die äußere bildet, von der Fliehkraft an der Teilnahme gehindert, eine diskusähnliche Scheibe um den Stern, die wie der Saturnring rotiert. Was mit dieser Scheibe geschieht, wird uns im nächsten Kapitel beschäftigen.

Die zweite der erwähnten Wirkungen besteht darin, daß sich zusammengepreßte Gase erhitzen. Ob das in einer Fahrradpumpe oder in einer Globule passiert, ist gleich. Der Unterschied liegt nur darin, daß der Druck in der Fahrradpumpe seine Grenze hat, während er im Kern einer Globule wegen der riesigen zusammenfallenden Massen ins Ungemessene steigt. Schon die vorhergehenden Stufen der Verdichtung führten zu geringen Temperaturerhöhungen. Die Wärme konnte aber bei der geringen Materiedichte wieder abstrahlen. Nun, in der Globule, kann sie das nicht mehr. Sie staut sich im Kern. Der Stern beginnt erst dunkel zu glühen und strahlt immer heller. Hat die Temperatur im Kern 5 Millionen Grad erreicht, so beginnen dort atomare Umwandlungen, mit denen wir uns gleich beschäftigen werden, bei welchen außerordentliche Energiemengen entstehen und die Temperatur weiter hinauftreiben. Bei etwa 14 Millionen Grad ist die Energieerzeugung in vollem Umfang angelaufen. Der Stern ist »angezündet« und fertig.

Wir können uns also das Werden der Sterne etwa folgendermaßen denken:

1. Sie entstehen aus der interstellaren Materie, die sich
2. unter entsprechenden Bedingungen zu galaktischen Nebeln verdichtet.
3. Diese zerfallen oft über mehrere Stufen in kleinere Verdichtungen, die Globulen, in denen
4. der hohe innere Druck hohe Temperaturen erzeugt, wodurch eine atomare Energieerzeugung in Gang gesetzt wird.

Dies ist auch die Entstehungsgeschichte der Sonne, denn sie ist kein Sonderfall, dessen Entstehung anders erklärt werden müßte.

Wie schon erwähnt, verstrahlt die Sonne unentwegt eine Kraft von 370 000 Trillionen ($37 \cdot 10^{22} = 37$ mit 22 Nullen) Kilowatt. Die Erde fängt davon ein Zweimilliardstel für sich ein, weil sie, von der Sonne her gesehen, diesen Teil des Himmels einnimmt. Das sind dann 185 Billionen ($185 \cdot 10^{12}$) Kilowatt oder Sekunde für Sekunde 50 Milliarden ($5 \cdot 10^{10}$) Kilowattstunden, mehr als 2 Millionen mal soviel wie der gegenwärtige Weltenergiebedarf. Woher stammt diese ungeheure Energie?

Früher hat ihre Herkunft erhebliches Kopfzerbrechen verursacht. Man beschwor alle erdenklichen Möglichkeiten, vom Verbrennen von sekundlich 70 000 Billionen ($7 \cdot 10^{15}$) Tonnen Steinkohle bis zum Absturz von sekundlich 300 Milliarden ($3 \cdot 10^{14}$) Güterzügen voll Meteoriten auf sie, und verfiel zuletzt auf den ahnungsvollen Gedanken, daß es auf der Sonne einen Brennstoff von außerordentlichem Energiegehalt geben müsse, der auf der Erde unbekannt sei. 1938 entdeckte der deutsche Physiker Otto Hahn mit der Atomenergie auch diese Energiequelle. Wir wissen daher heute, um welche Vorgänge es sich in der Sonne handelt.

Otto Hahn, der Entdecker der Atomspaltung. Ein ähnlicher atomarer Prozeß ist auch die Energiequelle der Sonne.

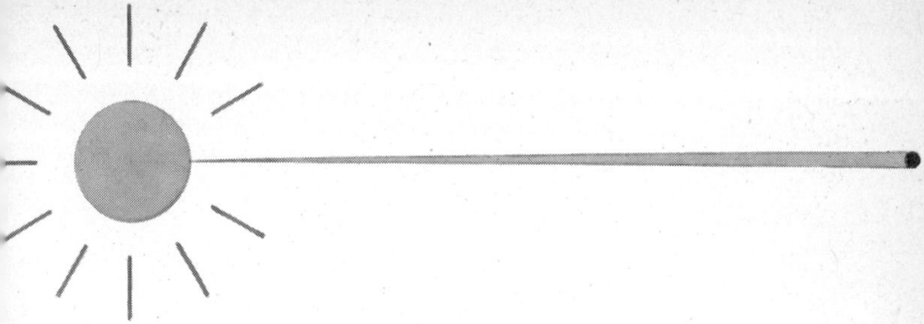

Die Erde empfängt nur ein Zweimilliardstel der Sonnenstrahlung, da sie von der Sonne her gesehen nur diesen kleinen Teil des Himmels einnimmt.

In der Sonne wird Wasserstoff in Helium verwandelt. Das ist ein Vorgang, den wir in der Wasserstoffbombe bereits auslösen können und um dessen Bändigung wir uns gegenwärtig mit allen Kräften bemühen, weil er uns von den letzten Sorgen um die Deckung des künftigen Energiebedarfs befreien würde. Die Schwierigkeit liegt in der technischen Beherrschung der erforderlichen hohen Drücke und Temperaturen.

Aber gerade diese sind in den Sternen naturgegeben. Wir können berechnen, daß im Kern der Sonne ein Druck von 200 Milliarden ($2 \cdot 10^{11}$) Atmosphären und Temperaturen von fast 15 Millionen Grad herrschen. Der hohe Druck bedeutet engste Packung der Atome – ein Kubikzentimeter enthält dort 134 Gramm Materie – während die hohe Temperatur heftigtste Bewegung der Atome bedeutet. Unter diesen Umständen gibt es so viele und so heftige Zusammenstöße zwischen den Atomen, daß sich fast unmittelbar im sogenannten Proton-Proton-Prozeß Helium aus Wasserstoff aufbauen kann.

Das Proton ist der positiv geladene Kern des Wasserstoffatoms, der dabei allein interessiert. Der Vorgang verläuft folgendermaßen: Der erste Schritt besteht darin, daß sich

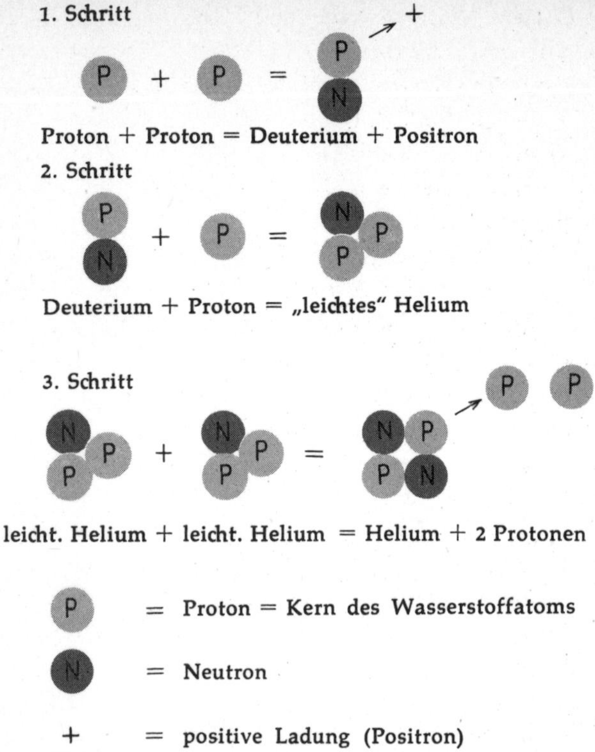

Die Sonne gewinnt ihre Energie aus dem »Proton-Proton-Prozeß«. Es sind nur die Atomkerne gezeichnet.

zwei Protonen miteinander verbinden; dabei stößt ein Proton seine elektrische Ladung in Form eines Positrons ab, wodurch es sich in ein Neutron verwandelt. Ein »Deuteriumkern«, also der Kern des »schweren Wasserstoffs« ist entstanden, der aus einem Proton und einem Neutron besteht. Als zweiter Schritt verschmilzt ein weiteres Proton mit dem Deuteriumkern. Das ergibt dann 2 Protonen und 1 Neutron oder einen »leichten« Heliumkern.

Als dritter Schritt verbinden sich zwei solche leichte Heliumkerne unter Abgabe von 2 Protonen miteinander. Dadurch entsteht ein Kern aus 2 Protonen und 2 Neutronen; das ist das gewöhnliche Helium.

Das Entscheidende bei diesem Spiel der Atome ist, daß dadurch Energie frei wird. Bezeichnet man die Masse eines Protons oder Neutrons mit »1«, so sollte der Heliumkern eigentlich die Masse »4« haben. Seine Masse ist aber nur 3,97. Das heißt: beim Aufbau von Helium aus Wasserstoff verschwindet ein kleiner Bruchteil der beteiligten Materie und wird in Energie umgewandelt.

Bei einer solchen Umwandlung entsteht schon aus einem kleinen Masseverlust eine ungeheure Energiemenge. Verwandelt man 1 Gramm Wasserstoff – das sind bei Atmosphärendruck 11 Liter – in Helium, so verschwinden 0,0068 Gramm Materie und werden in 170 000 Kilowattstunden Energie verwandelt.

Der Proton-Proton-Prozeß ist nicht der einzige Vorgang dieser Art. Es gibt noch andere, die bei höheren Temperaturen einsetzen und außer Helium auch weitere Elemente aufbauen. Sie treten aber erst im weiteren Gang der Entwicklung auf.

Das also ist die Energiequelle der Sonne. Die Sonne verwandelt auf diese Weise in jeder Sekunde 632 Millionen Tonnen Wasserstoff in Helium. Die Materie, die dabei verschwindet und damit der Sonne verloren geht, beträgt 4,3 Millionen Tonnen; und die Leistung, die daraus entsteht, beträgt 370 000 Trillionen Kilowatt.

Unvorstellbare Zahlen! So gewaltig sie uns auch erscheinen mögen, so gering sind sie an der Größe der Sonne selbst gemessen. Ihr Wasserstoffvorrat reicht aus, um die Energieerzeugung in gleicher Höhe für gut 5 Milliarden Jahre zu decken. Die Frage »Was dann?« können wir getrost unseren Enkeln überlassen.

Kapitel 7

Die Entstehung der Erde

Die Frage nach der Entstehung des Planetensystems und damit der Erde hat seit jeher das größte Interesse gefunden.

Die Planeten sind die »Wandelsterne«, die Himmelskörper, die ihre Stellung am Himmel rasch verändern, im Gegensatz zu den Fixsternen, deren Bewegungen sich nur in langen Zeiten feststellen lassen. Die Planetenbewegungen erschienen den Alten so geheimnisvoll, daß sie sie mit dem Willen und den Launen der Götter in Zusammenhang brachten und ihnen daher auch deren Namen gaben: Merkur – Venus (Morgen- und Abendstern) – Mars – Jupiter – Saturn, eine Übung, die man bei den in der Neuzeit entdeckten: Uranus, Neptun und Pluto beibehielt.

Die Alten glaubten, aus den wechselseitigen Stellungen der Planeten die Pläne und Absichten der Götter ableiten zu können, ein Aberglaube, dessen letzte Reste heute noch in der Astrologie fortleben.

In Wirklichkeit bewegen sich die Planeten keineswegs nach Lust und Laune, sondern laufen unter allen kosmischen Körpern nach den einfachsten und strengsten Regeln. Während die Bahnen der Kometen und Meteoriten sich im

Raum um die Sonne knäuelhaft überkreuzen und das verwirrende Bild eines durcheinanderschwirrenden, ungeordneten Schwarmes bieten, kreisen alle Planeten, zu denen auch die Erde gehört, in strenger Ordnung ohne Ausnahme in ein und derselben Ebene um die Sonne. Sie sind darum, von der Erde aus gesehen, nur in einer schmalen Zone, dem Tierkreis, zu finden. Ihre Bahnebene erhält eine besondere Bedeutung dadurch, daß sie zugleich die Äquatorebene der Sonne, also die Ebene ist, in der die Sonne selbst rotiert.

Darüber hinaus laufen die Planeten beinahe in konzentrischen Kreisen und in gleichem Sinn um die Sonne, in dem sie selbst rotiert. Sie rotieren meist in gleichem Sinn, und soweit sie echte Monde haben, folgen auch diese der gleichen Regel. Und schließlich entsprechen die Abstände zwischen ihnen der Titius-Bode'schen Regel, die wir schon im 4. Kapitel besprochen haben.

Diese Ordnung ist so beeindruckend, daß sie den griechischen Philosophen Pythagoras zum Bild von der »Harmonie der Sphären« angeregt hat. Man dachte sich nämlich die Planeten an kristallenen Kugeln befestigt, die sich um die Erde als Mittelpunkt drehten. Da die harmonischen musikalischen Intervalle bei ebenso einfachen Längenverhältnissen einer gespannten Saite erklingen, wie sie der Titius-Bode'schen Regel entsprechen, glaubte man, daß auch die planetentragenden Kugeln (= Sphären) in kosmischer Harmonie erklingen.

Daß eine derartige Ordnung etwa durch Zufall entstanden sein könnte, ist undenkbar. So muß jeder Versuch, die Entstehung der Planeten zu erklären, davon ausgehen, daß die Planeten nicht zufällig von der Sonne eingefangen wurden, sondern organisch mit ihr verbunden sind und aus der Sonne selbst oder wenigstens in engstem Zusammenhang mit ihr entstanden sind.

Es gibt dabei eine Schwierigkeit: Die Planeten unterscheiden sich in der stofflichen Zusammensetzung sehr stark von der Sonne. Während die Sonne zu 99% aus Wasserstoff und Helium und nur zu 1% aus schwereren Elementen besteht, finden wir in den Planeten praktisch nur die letzteren.

Trotz des gewaltigen Eindrucks, den die Wassermassen der Ozeane auf uns machen, trotz der anderen weiten Verbreitung des Wasserstoffs in den Lebewesen und Mineralien macht er im ganzen doch nur 0,003% des Erdgewichts aus. Der Heliumanteil läßt sich überhaupt nicht begreiflich beziffern. Er beträgt vielleicht ein Milliardstel Prozent. Bei Merkur, Venus und Mars ist es ebenso. Jupiter, Saturn, Uranus und Neptun enthalten vielleicht etwas mehr Wasserstoff, doch fällt das nicht ins Gewicht. Von Pluto weiß man zu wenig.

Wie ist dieser Unterschied zu erklären?

Man nimmt heute an, daß die Planeten Überbleibsel aus der Jugendzeit der Sonne sind.

Wir haben schon davon gesprochen, daß junge Sterne, die eben erst aus einer Globule entstanden sind, sozusagen inmitten einer diskusähnlichen Scheibe aus interstellarer Materie stecken. Sie sind ungeheure, weißglühende Gaskugeln, die oft so rasch rotieren, daß man an ihnen Umfangsgeschwindigkeiten von 300 Kilometern in der Sekunde gemessen hat gegenüber 2 Kilometern pro Sekunde bei der Sonne. Sie sind dann hart an der Grenze, wo die Fliehkraft sie auseinanderzureißen droht. Das ist wohl auch der Grund dafür, daß die Scheibe nicht in den Stern sinkt, sondern bestehen bleibt.

Stern und Scheibe bestehen, wie die interstellare Materie, aus der sie entstanden sind, zu etwa 99% aus Wasserstoff mit etwas Helium und nur zu 1% aus schwereren Elementen.

Im eigentlichen Stern sind alle Stoffe wegen der ungeheuren Hitze in gasförmigem Zustand. In der Scheibe dagegen sind die schwereren Elemente wie in der interstellaren Materie staubförmig in feinster Verteilung enthalten, da dort die Temperatur viel niederer ist. Der Wasserstoff und das Helium sind jedoch auch unter den dortigen Bedingungen gasförmig, da sie sich erst bei sehr hohen Drücken verflüssigen.

Die Scheibe besteht daher zu 99% aus gasförmigem Wasserstoff mit Helium und zu 1% aus staubförmigen schwereren Elementen.

Wir wissen schon, daß eine solche Scheibe sich nicht als Ganzes einheitlich drehen kann, sondern daß die Umlaufgeschwindigkeit in verschiedenen Entfernungen vom zentralen Stern verschieden sein muß: außen langsamer und innen schneller.

Unter diesen Bedingungen verhalten sich die gasförmigen und die festen Bestandteile der Scheibe verschieden. Zuerst die gasförmigen: Gase erfüllen zusammenhängend den ganzen Raum. Sie bilden daher eine einzige, wenn auch nur lose zusammenhängende Masse. Die verschieden schnell umlaufenden Zonen beeinflussen sich daher, wo sie aneinandergrenzen. Verschieden schnell fließende Gasströme bilden dort, wo sie aneinandergrenzen, Wirbel, so daß die ganze Scheibe überall von Wirbeln durchsetzt ist.

Diese Wirbel führen einen lebhaften Austausch zwischen den verschiedenen Zonen herbei. So kommen rasch strömende Massen von innen nach außen und beschleunigen den Umlauf der äußeren; langsam strömende Massen von außen strömen nach innen und bremsen den Umlauf dort ab. Dadurch wird in beiden Bereichen das für einen haltbaren Zustand unentbehrliche Gleichgewicht zwischen der Gravitation der Sonne und der von der Drehbewegung herrührenden Fliehkraft gestört.

Innen ist nun die Geschwindigkeit zu langsam, die Gravitation überwiegt, die Massen sinken in die Sonne und bremsen diese allmählich ab. Außen ist die Geschwindigkeit zu groß, die Fliehkraft überwiegt, die Massen entweichen in den kosmischen Raum.

Es läßt sich berechnen, daß die Masse der Scheibe, die ja zu 99% aus Gas besteht, auf diese Weise alle 5 Millionen Jahre auf die Hälfte abnimmt. Dadurch verschwinden die gasförmigen Bestandteile der Scheibe praktisch binnen 200 Millionen Jahren.

Was aber ist das Schicksal der festen Bestandteile der Scheibe?

Infolge des gestörten Gleichgewichts zwischen Gravitation und Fliehkraft strömt das Gas teils nach außen, teils nach innen aus der Scheibe ab.

Da sie bei aller Kleinheit einzelne, unzusammenhängende, selbständige Körperchen sind, laufen sie auf sehr vielfältigen kreisähnlichen Bahnen um die Sonne, ohne sich gegenseitig so zu beeinflussen, wie es die Gasmassen tun.

Solange diese Teilchen sehr klein sind, werden sie aber von den Gasströmen mitgenommen, durch die Wirbel aus der Bahn getragen und gehen der Scheibe mit den abströmenden gasförmigen Bestandteilen verloren. Die Wirbel führen aber auch zu zahllosen Berührungen und Zusammenstößen zwischen ihnen. Treffen zwei zusammen, so bleiben sie durch ihre, wenn auch geringe Massenanziehung aneinander haften und bilden so größere Teilchen und damit stärkere Zentren der Gravitation. Auf diese Weise entstehen immer größere Ansammlungen fester Bestandteile, die immer weniger den Bewegungen der Gaswirbel und -strömungen folgen und immer zuverlässiger auf ihrer kreisähnlichen Bahn um die Sonne laufen. Es dauert wahrscheinlich nur wenige Jahrtausende, bis sie so groß sind, daß sie ihre eigene Bahn ziehen.

Ist das einmal der Fall, dann können sie vom abströmenden Gas nicht mehr entführt werden. Die Gasströmungen führen ihnen im Gegenteil immer weitere Teilchen zu, die entweder direkt auf sie treffen oder von der zunehmenden Gravitation herangeholt werden. So fegen sie den Raum in ihrem Umkreis geradezu leer und bilden einige große Massenansammlungen. Die Zeit, welche die Gase brauchen, um abzuströmen, reicht aus, um Ansammlungen von Planetengröße entstehen zu lassen.

Die ursprüngliche Masse der Scheibe war – wie schon erwähnt – etwa ebenso groß wie die der Sonne. 1% davon waren schwerere Elemente. Man kann – grob geschätzt – annehmen, daß 80 bis 90% der festen Bestandteile mit den Gasen verloren gingen, so daß schließlich 0,1 bis 0,2%, also $^{1}/_{1000}$ bis $^{1}/_{500}$ übrig blieben. Tatsächlich ist die Masse aller Planeten zusammengenommen $^1/_{700}$ der Sonnenmasse, entspricht also dieser Rechnung.

Die Sonne aber behielt ihren Wasserstoff- und Heliumanteil. Und wenn sie früher rasch rotierte, wurde sie durch die in sie absinkenden langsameren Massen aus der Scheibe und durch weitere, hier nicht betrachtete Vorgänge so weit abgebremst, daß sie heute nur noch langsam rotiert.

Wenn dies die Vorgänge sind, durch die das Planetensystem entstanden ist, so ist damit folgendes erklärt:

1. Die Lage der Planetenbahnen in der Äquatorebene der Sonne.
2. Die Form der Planetenbahnen nahezu in konzentrischen Kreisen.
3. Übereinstimmung aller Umlauf- und der meisten Drehrichtungen mit der Rotation der Sonne.
4. Massenverteilung zwischen Sonne und Planeten im Verhältnis 1:700.
5. Verschiedenheit der stofflichen Zusammensetzung zwischen Sonne und Planeten. (Dort vorwiegend Wasserstoff und Helium, hier fast ausschließlich schwerere Elemente ohne Wasserstoff und Helium.) Man darf daher mit guter Sicherheit annehmen, daß die Planeten sich in dieser Weise gebildet haben. Sie haben sich aus einer kalten, die Sonne scheibenförmig umschließenden Wolke interstellarer Materie entwickelt und waren daher unsprünglich wohl nicht glutflüssig. Daß sie heute, wie die Erde, im Innern heiß sind, führt man auf eine nachträgliche Erwärmung durch die beim Zerfall der radioaktiven Stoffe auftretende Wärme zurück.

Es ist nicht auszuschließen, daß sich bei den Planetoiden die Materie nicht in einen großen, sondern in sehr viele kleine Körper verdichtet haben könnte, daß die Planetoiden also unmittelbar, nicht auf dem Umweg über einen größeren und dann zertrümmerten Planeten entstanden sind. Wir haben aber im 4. Kapitel die Gründe angeführt, die für die zweite Entstehungsart sprechen.

Die im 5. Kapitel erwähnten, genau in der Äquatorebene umlaufenden Jupiter- und Saturnmonde, zu denen auch noch die 5 Uranusmonde gehören, haben sich möglicherweise jeweils aus einer den Planeten umgebenden Wolkenscheibe wie die Planeten entwickelt; denn diese Planeten sind sehr groß und rotieren sehr rasch – in etwa 10 Stunden – so daß bei ihnen ähnliche Verhältnisse bestanden haben können wie bei der Sonne.

So wie die anderen Planeten ist auch unser Heimatplanet, die Erde, in der Jugendzeit der Sonne entstanden, nur daß sich in ihrem Fall nicht ein einzelner Körper, sondern zwei umeinander kreisende, ein großer und ein kleiner, die Erde und der Mond, gebildet haben.

Die unterschiedliche Erscheinung der beiden erklärt sich aus der Verschiedenheit ihrer Massen. Die Gravitation des Mondes – wir wissen: ein Sechstel der Erdgravitation – ist so schwach, daß er keine Atmosphäre festhalten konnte. Gase sind flüchtig und dehnen sich unbegrenzt aus, wenn sie nicht sehr schwer sind oder durch eine starke Gravitation zusammengehalten werden. Der Mond verlor daher alle Gase, die er etwa mitbekommen hatte, darunter auch den Wasserdampf, der nach Wasserstoff und Helium das leichteste und daher flüchtigste Gas ist. Ihm fehlt daher alles, was auf der Erde die Atmosphäre und das Wasser geschaffen haben: Land und Meer, Flüsse und Seen, Wolken, Regen, Verwitterung, Leben.

Er ist dem Hagel der Meteoriten, der seine Oberfläche zu einer schauerlichen, staubbedeckten Kraterlandschaft gemacht hat, schutzlos ausgesetzt, während auf der Erde kleinere Meteoriten die Erdoberfläche nicht erreichen, weil sie in der Atmosphäre verglühen und die Spuren der großen, soweit sie überhaupt das Land und nicht das Meer getroffen haben, durch die Verwitterung wieder ausgelöscht wurden. Auf dem Mond liegt das nackte Urgestein zutage; auf der Erde dagegen ist es vielfach verwittert, von den Flüssen ins Meer transportiert und dort in mächtigen Schichten abgesetzt worden, um dann in mehreren Gebirgsbildungen hochgefaltet und von neuem abgetragen zu werden. Solcherweise in die mannigfaltigen Arten der Schichtgesteine verwandelt, überdeckt es an den meisten Orten das Urgestein und schenkt der Erde vielgestaltige Formationen und bunte Farben, während die tausendfachen Gestalten der Pflanzenwelt Berg und Tal beleben und der Landschaft das uns vertraute freundliche Gesicht geben.

All das gibt es auf dem Mond nicht.

Die Frage, ob es außer der Erde noch andere Planeten gibt, die Leben tragen oder gar vernunftbegabte Wesen beherbergen, gehört zu den faszinierendsten Gedanken, womit sich die Menschen beschäftigt haben. Da die Kosmogonie

Die Erdlandschaft ist von vielfältigen Formen, von Pflanzen begrünt und von einem blauen Himmel mit weißen Wolken überwölbt. (Schönau im Hochschwarzwald)

durch die Art, wie sie die Entstehung der Planeten erklärt, einen entscheidenden Beitrag dazu liefert, sei hier einiges darüber gesagt.

Lassen wir die Frage, wie das Leben entstanden sein könnte, beiseite, und nehmen wir an, daß es überall entsteht, wo es existieren kann.

Leben bedarf immer sehr komplizierter und damit empfindlicher chemischer Verbindungen, es verlangt rasche und vielfältige chemische Reaktionen und setzt nach unseren Kenntnissen das Vorhandensein von Wasser voraus, ohne welches Leben in unserem Sinn unmöglich ist.

All das verlangt außer einer entsprechenden Umwelt, in der die benötigten Stoffe vorkommen, eine Temperatur, die nicht dauernd über dem Siedepunkt oder unter dem Gefrierpunkt des Wassers liegen darf. Dieser Temperaturbereich ist aber, kosmisch gesehen, äußerst schmal und auch auf der Erde nur in einem engen Bereich gegeben. Es ist

Die Mondlandschaft besteht aus Kratern, ist kahles, nacktes Gestein und auch bei Tag von einem schwarzen Himmel überwölbt, an dem blendend die Sonne und kalt die Sterne stehen.

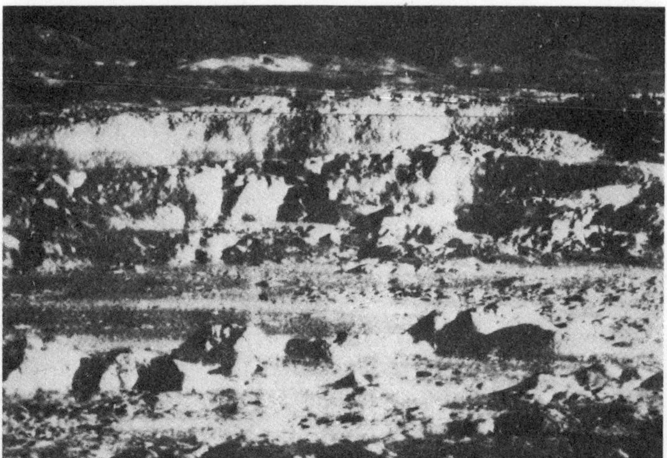

durchaus nicht selbstverständlich, daß auf anderen Planeten Temperaturen herrschen müssen oder können wie bei uns. Im Gegenteil: Merkur wird auf der Tagseite 400 Grad heiß und auf Jupiter und gar den ferneren Planeten messen wir Temperaturen, die mehr als 100 Grad unter Null liegen. Diese Planeten scheiden also von vornherein aus.
Ein Planet muß also gerade in der richtigen Entfernung von der Sonne sein, sonst verbrennt oder erfriert das Leben.
Bei unserem äußeren Nachbarplaneten Mars ist die mittlere Temperatur auf der Tagseite minus 15 Grad, doch steigt sie in der Mittagszeit bis auf plus 10 und 20 Grad, so daß die Existenz eines kältefesten Lebens auf ihm nicht ausgeschlossen ist. Tatsächlich lassen leichte Grünfärbungen, die mit den Marsjahreszeiten wechseln, vermuten, daß es auf ihm eine niedere Vegetation gibt.
Von unserem inneren Nachbarplaneten, der Venus, ist bekannt, daß an ihrer Oberfläche sehr hohe Temperaturen von etwa 300 Grad herrschen, so daß an eine Existenz von Leben dort nicht zu denken ist.
Wir wissen weiter, daß die Entstehung, der Bau, die Anpassung, die Gaben und Fähigkeiten von Pflanzen und Tieren sehr feinfühlig von den äußeren Lebensbedingungen wie Klima, Ernährungsmöglichkeiten, Bodenform, Schwerkraft usw. abhängen, und daß schon geringe klimatische oder chemische Veränderungen der Umwelt ganze Tier- und Pflanzengattungen zum Aussterben bringen. Gleiche Lebensformen und Gattungen wie bei uns gibt es also anderswo nicht allein schon darum, weil dort das Leben nur eben möglich ist, sondern nur dann, wenn die Lebensbedingungen genau übereinstimmen. Diese aber sind beim Mars so verschieden von den irdischen, daß dort uns vertraute Lebensformen nicht bestehen können. Am ehesten gibt es dort noch ein Leben, wie auf der Erde in den arktischen Gebieten, also Moose und Flechten.

Man muß folglich davon ausgehen, daß es in unserem Planetensystem keine Menschen oder auch nur menschenähnliche Wesen außerhalb der Erde, und höchstens auf dem Mars niederes Pflanzenleben gibt.

Unter diesen Umständen ist es entscheidend für die Frage außerirdischen Lebens, ob es vielleicht anderswo im Kosmos Planeten gibt, die der Erde gleichen. Und das hängt von der Antwort auf die Frage nach der Entstehung der Planeten ab.

Betrachtet man das Planetensystem unserer Sonne aufgrund seiner Entstehungsweise als etwas Einmaliges, so gibt es anderswo keine Planeten, und die Frage nach Leben im Kosmos erfährt ein glattes »nein« als Antwort; denn auf Fixsternen, deren Oberfläche viele 1000 Grad heiß ist, kann es kein Leben geben. Man hat früher tatsächlich gedacht, daß die Planeten gelegentlich eines fast streifenden Vorbeigangs eines anderen Sternes an unserer Sonne entstanden seien. Dieser Stern habe durch seine Anziehungskraft einen gewaltigen Streifen Materie aus der Sonne herausgerissen, aus dem dann die Planeten entstanden seien.

Demnach wären Planeten so ziemlich das Unwahrscheinlichste, was es im Kosmos geben kann; denn die Sterne sind, wie wir gesehen haben, im Verhältnis zu ihrer Größe ebensoweit voneinander entfernt wie Kirschen im Abstand von 1000 Kilometern. Die Geschwindigkeit, mit der sie sich durchschnittlich bewegen, beträgt dabei nur 4 Meter im Jahr. Zusammenstöße oder solche Beinahezusammenstöße zwischen ihnen können trotz ihrer riesigen Zahl praktisch nicht vorkommen.

Erklärt man aber die Entstehung der Planeten so, wie es oben geschehen ist, so ist das ein ganz normaler Vorgang, und jeder Stern hat seine Planetenschar um sich, wenn nicht besondere Umstände dies verhindert haben.

Die Saurier (z. B. rechts der 14 m lange Tyrannosaurus und der bis zu 9 m hohe Stegosaurus) lebten in der Jurazeit vor 150 Millionen Jahren.

Damit wird die Wahrscheinlichkeit, daß es anderswo im Kosmos erdähnliche Planeten und damit Leben gibt, sehr groß; denn man schätzt die Zahl der erdähnlichen Planeten im gesamten Kosmos auf 1000 Billionen. Man hat auch tatsächlich auf Meteoriten organische Stoffe gefunden.

Wie steht es da mit Menschen? Oder wenigstens mit menschenähnlichen, vernunftbegabten Wesen?

Bei dieser Frage müssen wir berücksichtigen, daß wir Menschen, kosmisch gerechnet, erst seit einem winzigen Augenblick auf der Erde existieren. Wenn wir das Alter der Erde, das man, wie wir noch sehen werden, recht zuverlässig auf einige, vielleicht 4 Milliarden Jahre ansetzen kann, auf 1 Jahr zusammengezogen denken, so erscheinen die ersten, uns noch ganz unähnlichen Vorstufen des Menschen am 31. Dezember, 2 Stunden vor Jahresende, der moderne Mensch tritt 7 Minuten vor Mitternacht auf und die 5000 Jahre geschichtlicher Zeit sind die letzten 40 Sekunden des Jahres.

Der Mensch ist also das erst im gegenwärtigen Augenblick existierende vorläufige Endglied einer fast unabsehbaren Reihe der verschiedensten Lebensformen. Seine eigentliche Entstehung ist nach den heutigen Anschauungen die Folge der in den letzten Jahrmillionen sehr regellosen Klimaschwankungen in Afrika, also von ganz besonderen, um nicht zu sagen einmaligen Einflüssen.

Wenn ein anderer Planet Menschen wie uns beherbergen soll, dann müßte er zu allem hin auch noch im gleichen Augenblick entstanden sein wie die Erde und im Verlauf von 4 Milliarden Jahren stets übereinstimmend mit ihr die gleichen Lebensbedingungen, die gleiche Verteilung von Wasser und Land, die gleichen klimatischen Veränderungen, die gleichen Raten der kosmischen Strahlung, welche Mutationen auslöst, usw. geboten haben.

Das ist bei der ungeheuren Zahl der erdähnlichen Planeten, mit der wir rechnen können, zwar möglich, aber trotzdem unwahrscheinlich, zumindest lange nicht so wahrscheinlich wie die Existenz von Leben schlechthin.

Wenn wir also einmal auf einen solchen Planeten gelangen könnten, dann würden wir fast sicher Leben finden. Aber seine Formen und Gestalten entsprächen kaum jemals genau unserer Gegenwart, sondern wären uns so fremd wie die vergangener geologischer Epochen, zum Beispiel wie die der Jurazeit mit ihren Sauriern oder das Leben im Karbon, in dem es noch gar keine Landtiere gab, vielleicht aber auch so fremd wie ein künftiges Leben auf der Erde.

Wie steht es mit eben dieser Möglichkeit, höher entwickeltes Leben zu finden?

Andere Planetensysteme sind so weit entfernt, daß ein Raumschiff, das heute in 67 Stunden und 15 Minuten zum Mond fliegt, bis zum allernächsten Stern 850 000 Jahre unterwegs wäre. Es gibt zwar Ideen, wie diese Schwierigkeit überbrückt werden könnte, aber wenn ihre Verwirklichung überhaupt möglich sein sollte, so erforderte sie eine Technik und Naturbeherrschung, die viel höher entwickelt wäre als die unsrige. Nun gut, dann müßte auch dieser andere Planet, der ja höher entwickelt sein soll, sie schon längst

haben und wäre uns mit einem nachbarlichen Besuch zuvorgekommen.
Sind aber nicht schon Raumschiffe von fernen Planeten bei uns aufgetaucht? Die »fliegenden Untertassen« zum Beispiel?
Sicher nicht. Man hat für sie ausreichend andere Erklärungen. Oder könnten wir uns vorstellen, daß Wesen mit einer so weit überlegenen Technik einen Weg von mindestens 30 Billionen Kilometern zurücklegen, an das Ziel ihrer Ideen gelangen, indem sie einen belebten, ja sogar von leidlich vernünftigen Wesen bewohnten Planeten finden, und es dann einige hundert Meter vor dem Ziel mit der Vorsicht oder gar mit der Angst zu tun bekommen und umkehren?
Bis jetzt also noch nicht. Aber was nicht ist, kann noch werden.
Dagegen besteht sehr wohl die Möglichkeit, durch Funksignale einen Kontakt mit ebenso hoch oder höher entwickelten Lebewesen aufzunehmen. Hier gibt es gute Ideen zur Verwirklichung und erste Versuche. Aber selbst wenn sie zu einem Erfolg führen sollten, wird es noch lange dauern, bis es zu einem fruchtbaren Gedankenaustausch kommen kann; denn selbst Funksignale sind mindestens Jahre, wenn nicht viele Jahrzehnte unterwegs, bis sie am unbekannten Ziel ankommen.
So bleibt zunächst nichts, als mit leistungsfähigen Empfängern den Kosmos abzuhorchen, ob man nicht Signale empfängt, die von vernunftbegabten, uns vergleichbaren Wesen ausgesandt sein könnten. Das tut man denn auch und sendet seinerseits Singale aus, deren logische Ordnung erkennen läßt, daß eine Vernunft dahinter steht.
Wie man dann zu einem Gedankenaustausch kommen könnte, ist der Gegenstand sehr geistreicher Untersuchungen.

Kapitel 8

Altern und Ende der Sterne

Im 6. Kapitel haben wir erwähnt, daß alles, was wir an den Sternen feststellen können, uns Hinweise auf die Entwicklung der Sonne gebe. Dies ist nicht wenig. Wir haben heute ein umfangreiches Beobachtungsmaterial über die scheinbare und wahre Helligkeit, die Größe, Temperatur, stoffliche Zusammensetzung, Masse und andere Zustandsgrößen der Sterne, die uns erlauben, sie in verschiedene Gruppen, Klassen oder Typen einzuteilen.

Man geht dann für die Entwicklung der Sterne davon aus, daß diese verschiedenen Zustände verschiedene Stufen ihrer Entwicklung sind. Die mathematischen Möglichkeiten und die Kenntnisse über den Bau der Materie, die wir heute haben, erlauben uns, die Zustände und Vorgänge im Innern der Sterne theoretisch zu erfassen und zu verfolgen. Man ordnet dann die verschiedenen Sterntypen so, daß die Reihe diesen Überlegungen oder wenigstens wahrscheinlichen Entwicklungen entspricht. Die wichtigste und für unsere weiteren Überlegungen fruchtbarste Beziehung ist der Zusammenhang zwischen der Oberflächentemperatur und der wahren Helligkeit, wie er im sogenannten »Hertzsprung-Russel-Diagramm« dargestellt wird. In diesem Diagramm

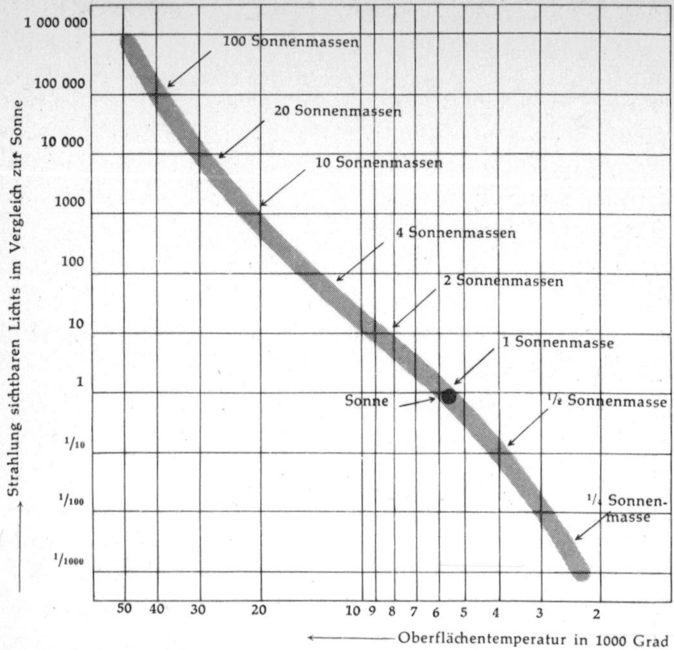

Hertzsprung-Russel-Diagramm der Hauptreihe

liegen die weitaus meisten Sterne, darunter auch die Sonne, in einer Reihe, die man »Hauptreihe« nennt, in welcher eine einheitliche Beziehung zwischen der Oberflächentemperatur und der Helligkeit besteht: die Sterne sind um so heißer, je strahlungsmächtiger, oder auch je massereicher sie sind.

Man nimmt heute an, daß ein Stern sein Dasein praktisch als »Hauptreihenstern« beginnt, wobei er um so heißer und strahlungsmächtiger wird, je größer die Masse ist, aus der er sich entwickelte. In den anderen, selteneren Sterntypen sieht man spätere Entwicklungsstufen und gibt ihnen nach ihrer Erscheinung eigene Namen: Weiße Zwerge, Rote Riesen, Blaue Riesen, Überriesen, veränderliche Sterne, neue Sterne. Da die Sonne ein Hauptreihenstern ist, können uns diese Typen etwas über ihre Zukunft verraten.

Die Zustandsgrößen eines Sterns: Masse – Druck im Innern – Kerntemperatur – Energieerzeugung – Durchmesser – Oberfläche – Oberflächentemperatur – abgestrahlte Energie – sind durch vielfältige Beziehungen miteinander verknüpft. Wäre die im Kern eines Sterns erzeugte Energie größer als die abgestrahlte, so würde die Temperatur in ihm zunehmen, als Folge davon der innere Druck steigen, der Stern sich ausdehnen, eine größere Oberfläche bekommen und damit mehr Energie abstrahlen. Es würde sich also ein neuer Gleichgewichtszustand einstellen.

Bei Hauptreihensternen bewirkt dies, daß ihr Zustand sehr stabil ist und sich im Verlauf ihres Daseins nicht wesentlich ändert. Nur im Kern wird laufend Wasserstoff in Helium verwandelt. Da der Wasserstoff dabei nur sehr langsam – langsam, gemessen am Gesamtvorrat – verbraucht wird, verbleiben die Sterne die längste Zeit ihres Lebens in diesem Zustand. Darum sind die Hauptreihensterne weit in der Überzahl.

Im Lauf der Zeit bildet sich ein immer ausgeprägterer Heliumkern. Wenn dieser Kern 12% der Gesamtmasse erreicht, ändert sich das Gleichgewicht der Zustandsgrößen allmählich. Die Energieerzeugung verlagert sich aus dem Kern in eine den Kern umgebende Schale, nimmt zu, und der Stern dehnt sich langsam auf einen vielfachen Durchmesser aus. Sein Licht wird dabei röter, denn die Oberfläche nimmt in stärkerem Grad zu als die Energieerzeugung. Sie wird daher kühler und strahlt in röterem Licht. Der Stern hat sich zum »Roten Riesen« entwickelt.

Es ist sicher, daß Hauptreihensterne von der Größe der Sonne diesen Weg gehen. Wesentlich massereichere Sterne haben eine Entwicklung, die in manchen Abschnitten anders verläuft. Wir wollen uns aber auf die Sonne beschränken, denn sie ist unser Schicksal.

Ein typischer Roter Riese ist Aldebaran, der hellste Stern im »Stier«. Er ist 36mal so groß wie die Sonne, hat die

1300fache Oberfläche und eine Oberflächentemperatur von 3600 Grad gegen 5700 Grad der Sonne. Wäre er uns so nahe wie die Sonne, so würde er am Himmel eine Fläche bedecken, die von den 7 hellsten Sternen des »Orion« begrenzt wird.

Diese Entwicklung geht weiter, bis die Sonne auf den 200- bis 300fachen Durchmesser angewachsen ist. Die Oberflächentemperatur ist auf 3000 Grad gesunken, der Stern glüht rot.

Ein typischer Vertreter dieser Art ist Beteigeuze im Orion. Dieser Stern ist 300mal so groß wie die Sonne.

Diese Sterne zeigen oft gewisse Helligkeitsschwankungen, also offensichtlich Zustandsänderungen, die so rasch verlaufen, daß man sie unmittelbar beobachten kann, im Gegensatz zur bisherigen Entwicklung, die ganz stetig verlief und viele Millionen Jahre beanspruchte. Der Stern ist also nicht mehr stabil, und das bedeutet einen kritischen Zustand.

Der Stern, an dem überhaupt zum ersten Mal eine Helligkeitsänderung beobachtet wurde, ist ein solcher Riesenstern, nämlich Mira (= der Wunderbare) im Walfisch, dessen Helligkeit mit einer Periode von durchschnittlich 320 Tagen im Verhältnis 1:30 schwankt.

Wir kennen unter den Riesensternen 1400, deren Helligkeit gelegentlich schwankt, etwa 1700, die den Beginn einer gewissen Regelmäßigkeit erkennen lassen und 3700, deren Helligkeit regelmäßig mit einer Periode wechselt, die zwischen 80 und 1000 Tagen liegt. Es liegt nahe, anzunehmen, daß diese drei Typen eine Entwicklungslinie bilden, daß also die Helligkeitsschwankungen anfangs selten sind und dann häufiger und schließlich regelmäßig werden.

Man ist sich über die Ursache dieser Entwicklung nicht sicher, nimmt aber an, daß sie mit dem gewaltigen Temperaturanstieg zusammenhängt, mit dem in einem solchen Stern zu rechnen ist. Man denkt dabei an Atomveränderungen, die plötzlich einsetzen, aber große Energiemengen verbrauchen. Sie könnten Temperatursenkungen und damit Zusammenbrüche des inneren Drucks verursachen. Der Stern würde dann in sich zusammenfallen, daraus wieder Druck, Temperatur und Energie gewinnen und sich nach einer gewissen Zeit erholen.

Wenn ein Stern von der Masse der Sonne sich auf den 200- bis 300fachen Durchmesser ausgedehnt hat, herrschen in ihm Temperaturen um 100 Millionen Grad. Dabei kommt ein neuer Atomumwandlungsprozeß in Gang, in dem Helium in schwerere Elemente verwandelt wird. Der Stern verstärkt seine Energieerzeugung weiter, seine Oberfläche wird wieder heißer, erreicht 20 000 Grad und mehr, und der Stern strahlt 100mal heller als die Sonne.

Es scheint, daß diese Entwicklung sehr kritisch ist, denn im Hertzsprung-Russel-Diagramm liegen in dieser Richtung die Sterne, die nach ihrem typischen Vertreter, dem Stern »RR« in der Leier »RR-Lyrae-Sterne« genannt werden, und vielleicht auf einen besonders heftigen Energieausbruch hin plötzlich ins Schwingen geraten sind, zu pulsieren begonnen haben, also ihre Größe rhythmisch verändern und einen sehr raschen Helligkeitswechsel mit Perioden zwischen 8 und 24 Stunden zeigen. Wir kennen rund 2500 Sterne dieser unheimlichen Art.

Die Ursachen und Vorgänge, die diesem Pulsieren zugrundeliegen, sind uns noch nicht bekannt.

Diese Sterne sind die wertvollsten Hilfen zur Bestimmung größter Entfernungen, bei welchen alle anderen Verfahren versagen. Bei ihnen und bei einer verwandten Gruppe von veränderlichen Sternen, den »Delta-Cephei-Sternen«, besteht ein so regelmäßiger Zusammenhang zwischen der wahren Helligkeit und der Periode des Helligkeitswechsels, daß man durch Messen der Periode ihre wahre Helligkeit und durch den Vergleich mit der Helligkeit, in der sie uns erscheinen, ihre Entfernung bestimmen kann. Die »Delta-Cephei-Sterne« im besonderen liefern uns sogar die Entfernungen der Spiralnebel, die uns im nächsten Kapitel beschäftigen werden.

Ein derartiges Pulsieren ist ein geradezu ungeheuerlicher Vorgang, und man nimmt an, daß er zu der das Ende des Sterns einleitenden Katastrophe führt; der Stern fliegt buchstäblich auseinander. Er schleudert in einer oder mehreren, in langen Abständen aufeinanderfolgenden Explosionen seine äußeren Schichten binnen Stunden in den Raum hinaus, so daß zuletzt nur der Kern übrigbleibt. Dabei lodert er so hell auf, daß er, der vorher einer unter Millionen war, zu einer auffällig strahlenden Erscheinung wird, was ihm die Bezeichnung »Nova« (= neuer Stern) eingetragen hat; man glaubte nämlich früher, er tauche so aus dem Nichts auf. Die hinausgeschleuderte Materie gesellt sich dann zu der interstellaren Materie, aus der sich der Stern einst gebildet hat.

Eine typische Nova ist ein Stern, dessen Helligkeit von etwa der 30fachen Sonnenhelligkeit plötzlich 100 000mal heller als die Sonne wird. Er behält diese Helligkeit für eine oder zwei Wochen bei, um dann rasch wieder zu verblassen.

Man kann jährlich etwa 20 bis 30 solche »neuen Sterne« beobachten.

Was von ihnen zuletzt übrigbleibt, ist absonderlich genug. Sie werden »Weiße Zwerge«, deren Durchmesser nur 1 bis 2 Hundertstel der Sonne beträgt – sie haben etwa die Größe des Planeten Jupiter – bestehen aus »überschwerer« Materie, von der ein Kubikzentimeter eine Tonne wiegt und strahlen die ihnen verbliebene Wärme mit einer Oberflächentemperatur von 12 000 Grad in den Raum hinaus.

Was wird aus den Weißen Zwergen? Wir wissen es noch nicht. Da es in ihnen keine Energieerzeugung mehr gibt, müssen sie langsam abkühlen. Sie leuchten wahrscheinlich allmählich röter und schwächer und versinken schließlich in die Nacht des kosmischen Raumes, aus der sie gekommen sind. Das geschieht jedoch sehr langsam und dauert viele Milliarden Jahre. Denn ihre Oberfläche ist so klein, daß sie nur wenig Energie abstrahlen kann.

Und die Sonne?

Wie steht es mit ihr?

Wieviel Prozent ihres Lebens hat sie schon hinter sich?

Werden die Menschen späterer Zeiten ihr Anwachsen erleben, bis sie – so groß wie Aldebaran – die gleiche Himmelsfläche einnimmt wie der Orion? Werden sie sie noch gewaltiger, so groß wie Beteigeuze erleben, wenn sie mehr als den halben Himmel bedeckt? Werden sie sie als veränderlichen Stern sehen, der sichtbar vor ihren Augen seine Größe und Helligkeit binnen Stunden rhythmisch verändert? Und wird unsere Welt in plötzlicher Katastrophe untergehen, wenn die Sonne dann zur Nova wird und sich binnen Stunden auf das Fünfhundertfache ausdehnt und Merkur, Venus, Erde und Mars in einem verschlingt?

Nichts von all dem.

Schon wenn die Sonne die Hauptreihe verläßt, lange bevor sie zum Roten Riesen geworden ist, wird sie stärker und heller strahlen. Tropische Hitze wird nichts sein im Vergleich mit den Temperaturen, die sie dann auf der Erde erzeugt. So wird das Leben unmerklich langsam verdorren und zugrundegehen; denn all das spielt sich in Jahrmillionen ab, in Zeiten, die unendlich lange sind gegenüber einem menschlichen Leben. Und nicht zuletzt: Es ist noch weit bis dahin. Man rechnet, daß es noch 4 Milliarden Jahre dauert, bis die Sonne die Hauptreihe zu verlassen beginnt. Wer weiß, was bis dahin alles geschehen ist? Vielleicht weicht dann das Menschengeschlecht auf einen anderen Stern aus?

Kapitel 9

Wie alt ist der Kosmos?

Mit diesem Kapitel wenden wir uns der eigentlichen Kosmogonie zu und treten damit in einen Gedankenkreis, in dem – wie schon im 1. Kapitel angekündigt – unser Vorstellungsvermögen, also unsere Fähigkeit, uns ein anschauliches, greifbares Bild von den Dingen zu machen, zunehmend überfordert wird und schließlich ganz versagt.

Wir müssen uns darüber im klaren sein, daß der Satz: »Das kann ich mir nicht vorstellen« kein Beweis gegen die Richtigkeit eines Gedankens ist. Wir beziehen all unsere Vorstellungen aus dem unmittelbaren Sehen und Erleben der irdischen Umwelt und können nicht erwarten, daß wir imstande wären, kosmische Verhältnisse und kosmisches Geschehen mit diesen Bildern mühelos oder vollständig zu erfassen. Es gibt sogar uns wohlvertraute Erscheinungen, bei denen wir das nicht können. Wir wissen beispielsweise, daß ein Magnet ein Eisenstück auch über den leeren Raum hinweg anzieht; aber uns vorstellen, wie er das macht, können wir nicht. Trotzdem besteht an der Tatsache selbst nicht der geringste Zweifel.

Die Begrenztheit unseres Vorstellungsvermögens wird um so spürbarer, je weiter wir uns von der irdisch gegenwärtigen Welt entfernen, und so dürfen wir nicht erwarten, daß wir letztlich bei der Entstehung des Universums sozusagen zusehen könnten wie bei einem Zauberkunststück. Trotzdem wollen wir versuchen, schrittweise und mit Hilfe von Vergleichen wenigstens gedanklich bis zum Ursprung vorzudringen.

Wenn uns das Vorstellungsvermögen im Stich läßt, müssen wir um so sorgfältiger darauf sehen, den Boden des physikalisch Gesicherten nicht zu verlassen.

Wir erkennen, erleben und beschreiben die natürliche Welt als Geschehen, das sich im Raum und in der Zeit an und mit der Materie abspielt, wobei Energie in verschiedenen Formen die bewegende Kraft ist. Wir werden im übernächsten Kapitel darauf eingehen, daß Materie und Energie nicht grundsätzlich verschieden, sondern nur verschiedene Erscheinungsformen der gleichen Sache sind. Wir sprechen daher nur von drei Grundelementen unserer Welt: Zeit, Raum und Materie, und verstehen dabei unter Materie auch die Energie, in die sie sich verwandeln kann.

Was wissen wir von diesen drei Grundelementen, was uns in unseren Betrachtungen weiterhelfen könnte?

Sehen wir zunächst die Zeit an!

Es gehört wohl zum Überraschendsten, daß man heute recht bestimmte Angaben über das Alter von Sternen, Sternhaufen usw. machen kann. In früheren Zeiten stützte man sich bei den Aussagen über das Alter der Welt auf Sagen und Mythen und auf die Worte des Alten Testaments und ging in der Ausdeutung dieser Quellen so weit, daß beispielsweise der irische Bischof James Usher im Jahre 1654 erklärte, die Welt sei am 26. Oktober des Jahres 4004 vor Chr. um 9 Uhr morgens erschaffen worden.

So auf die Stunde genau können wir es leider nicht machen. Dafür sind aber unsere Zahlen besser begründet. Es gibt nämlich verschiedene Wege für eine Altersbestimmung, und es ist geradezu alarmierend, ihre Ergebnisse miteinander zu vergleichen.

1. Wenn die modernen Hilfsmittel die Möglichkeit bieten, etwas Näheres über die Leuchtkraft, die Masse, den Zustand und die Zusammensetzung einzelner Sterne zu erfahren, so läßt sich damit ihr Alter bestimmen. Die untersuch-

Die mit Pfeilen gekennzeichneten Sterne sind »Ausreißer«. Sie waren ursprünglich Glieder der Orion-Assoziation. Aus der Geschwindigkeit und Richtung ihrer Bewegung kann man berechnen, daß sie vor 2,6 bis 4,6 Millionen Jahren die Orion-Assoziation verließen.

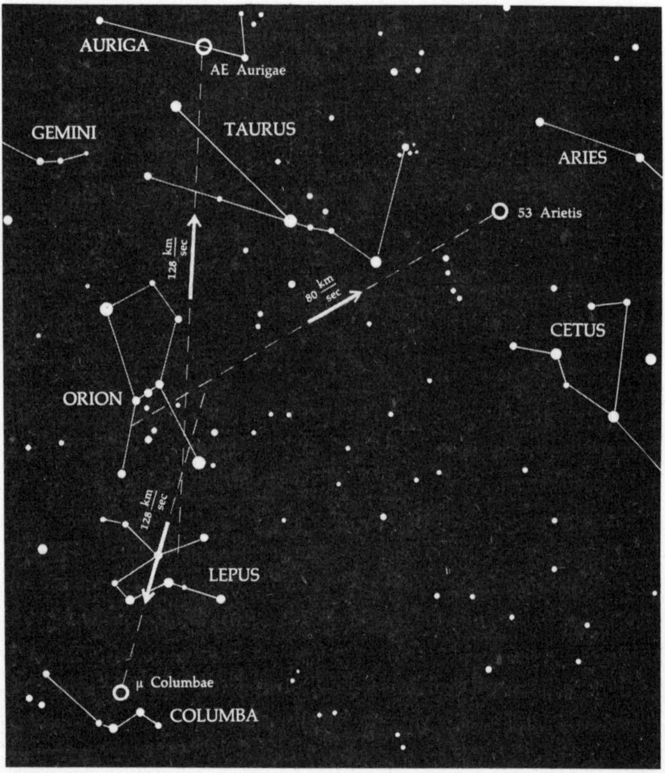

ten Sterne, unter denen sich auch späte Formen, also verhältnismäßig alte Sterne befinden, haben ein Alter, das von weniger als 500 000 Jahren bis zu 5,7 Milliarden Jahren reicht. Neueste Untersuchungen lassen vermuten, daß das Höchstalter an die 10 Milliarden Jahre heranreicht. Unsere Sonne wird auf 4,7 bis 5 Milliarden Jahre geschätzt, gehört also der mittleren Generation an.

2. Wir finden am Himmel eine große Zahl von »offenen Sternhaufen«, in welchen 20 bis 300 lose angeordnete Sterne offensichtlich eine zusammengehörige Gruppe bilden. Man schätzt die Gesamtzahl auf etwa 15 000, von denen man 400 kennt. Man kann ihr Alter nicht nur aus dem Zustand der Sterne, sondern auch aus dem Grad ihrer Auflösung beurteilen.

Die Sterne ziehen sich alle an. Fliegen zwei Sterne dicht genug aneinander vorbei, so bringen sie sich gegenseitig aus der Bahn. Es kann dabei vorkommen, daß der eine fast zur Ruhe kommt, während der andere doppelt so schnell weiterfliegt wie vorher. Im Laufe der Zeit können so einige Sterne hohe Geschwindigkeiten erreichen und »Ausreißer« werden. Sie gehen dem Haufen verloren, während die restlichen Haufensterne näher zusammenrücken. Auf diese Weise löst sich mit der Zeit der Haufen auf, und es bleibt eine sehr engstehende Gruppe weniger Sterne übrig.

Rechnet man die Vorgänge nach, so ergibt sich, daß die offenen Sternhaufen zwischen 4,4 und 870 Millionen Jahre alt sind. Drei der untersuchten Haufen haben ein Alter von über 1 Milliarde Jahren; der älteste ist 4,6 Milliarden Jahre alt.

3. Die »Assoziationen«, von denen wir im 6. Kapitel sprachen, sind sehr viel jünger. Ihr Alter liegt zwischen einer halben und 7 Millionen Jahren.

4. Wir kennen Sternhaufen, in denen jeweils viele tausend Sterne kugelförmig beisammenstehen. Man schätzt die Zahl

Die Zerfallsgeschwindigkeit radioaktiver Stoffe wird durch die Zeit bestimmt, in der die Hälfte der jeweils vorhandenen Menge zerfällt = Halbwertzeit.

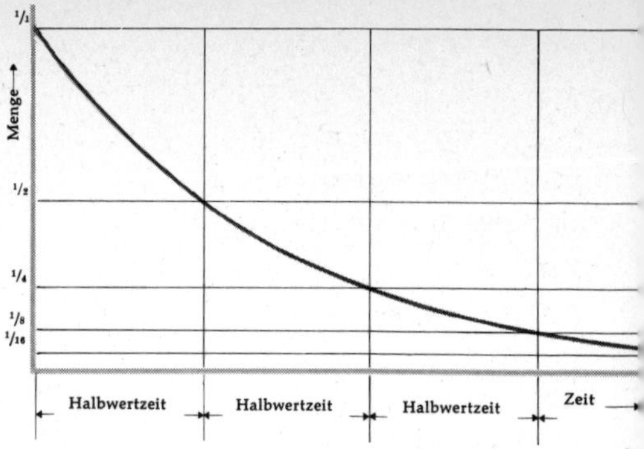

dieser »kugelförmigen Sternhaufen« auf etwa 300, von denen man die Hälfte kennt.

Untersucht man ihre Sterne auf den Entwicklungsstand, so zeigt sich eine ausgeprägte Grenze bei etwa 1,3 Sonnenmassen, oberhalb deren es keine Hauptreihensterne mehr, sondern nur noch Riesen usw. gibt. Das bedeutet, daß alle Sterne eines Kugelhaufens gleichzeitig entstanden sein müssen – was schon der gleichmäßige Aufbau vermuten läßt – und daß ein Stern die Hauptreihe um so früher verläßt, je massereicher er ist – was sich auch aus den rechnerischen Untersuchungen ergibt. Diese Erscheinung erlaubt eine gute Altersbestimmung der Kugelhaufen. Sie sind alle ziemlich übereinstimmend 6 bis 7 Milliarden Jahre alt, könnten aber nach neuesten Ergebnissen auch gegen 10 Milliarden Jahre alt sein.

5. Das sicherste Verfahren der Altersbestimmung stützt sich auf die Radioaktivität. Radioaktive Stoffe wie Uran, Thorium usw. zerfallen nach genau bekannten Gesetzen von selbst in andere Stoffe. So entsteht beispielsweise aus Uran über eine Reihe anderer Stoffe Blei. Finden wir in einem Gestein Uran, so ist darum immer auch Blei dabei.

Da man die Zerfallsgeschwindigkeit kennt, kann man aus dem Mengenverhältnis der Stoffe das Alter des Gesteins errechnen. Das Verfahren ist auch zuverlässig, wenn etwa vorher schon Blei im Gestein gewesen sein sollte; denn das aus dem Uran stammende Blei unterscheidet sich vom gewöhnlichen Blei durch ein anderes Atomgewicht. Wendet man dieses Verfahren auf irdisches Gestein an, so kam man bis jetzt auf ein Höchstalter von 3,7 Milliarden Jahren. An Mondgestein hat man ein Alter von 3,7 bis 4,6 Milliarden Jahren festgestellt. Bei Meteoriten liegt das auf diese Weise festgestellte Alter zwischen 60 Millionen und 5 Milliarden Jahren.

Wen beschleicht bei diesen Zahlen nicht ein eigenartig erregendes Gefühl? Wir kommen mit einer durchaus nicht selbstverständlichen Regelmäßigkeit immer wieder auf das gleiche Höchstalter von einigen Milliarden Jahren. Da jede Altersbestimmung auf einem anderen Verfahren beruht, bestätigen sie sich gegenseitig. So ergibt sich:

1. daß die jüngsten kosmischen Objekte – Sterne wie Assoziationen – weniger als 500 000 Jahre alt sind, kosmisch gerechnet also in der Gegenwart entstanden sind, zu einer Zeit, als der Urmensch bereits auf der Erde lebte; daß also der Kosmos nicht etwas Unveränderliches, Abgeschlossenes, Fertiges, sondern etwas seit Jahrmilliarden Werdendes ist, und daß Sterne auch in der Gegenwart noch entstehen, und

2. daß bis jetzt noch kein kosmisches Objekt gefunden wurde, das älter als 10 Milliarden Jahre wäre.

Stellen wir vorläufig die Frage zurück, ob es nicht doch noch ältere Objekte geben könnte, die wir nur zufällig noch nicht gefunden haben. Was haben wir dann aus dieser Zahl zu schließen?

Es kann vor dieser Zeit keine Sterne, keine Sternhaufen, keine Meteorite usw. gegeben haben. Man könnte nur noch daran denken, daß es jene interstellare Materie gegeben hat, aus der sich dann die Sterne entwickelt haben.

Wenn es sie schon von Ewigkeit her gegeben haben sollte, stehen wir vor der Frage, warum die Sterne nicht schon längst angefangen haben, sich aus ihr zu bilden. Aus welchem Grund haben sie das erst vor 10 Milliarden Jahren getan? Es gibt keine sinnvolle Erklärung für die Annahme, daß die interstellare Materie schon immer vorhanden war, mit ihren inneren Gesetzen und Möglichkeiten, aber erst vor 10 Milliarden Jahren aktiv wurde. Sie muß also damals, genau wie auch die Sterne, erst entstanden sein.

Wenn sie aber damals erst entstanden sein sollte, wo kam sie dann her? Wie entstand sie? Was war vor ihr da, woraus sie entstehen konnte? Nichts? Wie sollen wir darüber etwas aussagen, wenn wir kein Objekt aus der davorliegenden Zeit kennen?

Die Fragen, die uns schon im ersten Kapitel bedrängt haben, stehen nun in viel schärferer, zeitlich gezielter Form vor uns:

Was ist vor 10 Milliarden Jahren geschehen?

Hier hilft uns eine Erscheinung etwas weiter, die man als die »Flucht der Spiralnebel« bezeichnet.

Das blaß schimmernde Band der Milchstraße, das sich um unseren Himmel schlingt, löst sich im Fernrohr in ein dichtes Gestöber von Millionen und Abermillionen Sternen auf. Sie stehen dort aber nur scheinbar so dicht gedrängt. In Wirklichkeit sind sie ebenso weit voneinander entfernt wie anderswo. Aber ihre Schar erstreckt sich in dieser Richtung in so ungeheure Fernen, daß es fast kein Fleckchen mehr am Himmel gibt, wo nicht irgendwo weit draußen ein Stern leuchtete.

Abseits der Milchstraße dagegen dringt der Blick an wenigen Sternen vorbei in den leeren kosmischen Raum hinaus – leer auch in kosmischem Sinn.

Aus dieser Verteilung ergibt sich, daß die Sterne in einer gigantischen Wolke von flacher, runder, linsenähnlicher Form angeordnet sein müssen. Man kann auch feststellen, daß wir uns mit der Sonne zwar nahe der Mittelebene, nicht aber im Zentrum der Sternwolke befinden und daß die Sterne den linsenförmigen Raum nicht in gleichmäßiger Verteilung besetzen, sondern einige, wahrscheinlich sieben, spiralig gewundene Wolkenstreifen bilden. Es handelt sich buchstäblich um ein kosmisches Feuerrad von unvorstellbaren Ausmaßen, das aus 100 Milliarden Sternen gebildet wird und sich in etwa 230 Millionen Jahren einmal um seinen Mittelpunkt dreht, der von uns aus gesehen in Richtung zum Sternbild »Schütze« liegt.

So unvorstellbar groß auch der Umkreis ist, in dem wir uns dabei befinden – die fernsten Sterne sind 635 000 Billionen Kilometer entfernt – so bleiben wir dabei doch sozusagen immer noch in unserer Nachbarschaft – geradezu auf einer kosmischen Insel. Durch die hundertfache Entfernung völlig leeren Raums getrennt, findet man in den fernen Weiten des Kosmos weitere solche Sternsysteme, die wegen ihrer spiraligen Form »Spiralnebel« genannt werden, aber keine Nebel, sondern Sternwolken sind, genau wie die unsrige, und die genau so aus unzählbaren Sternen bestehen. Sie lieferten die Bilder, die uns, wie z. B. das Umschlagbild dieses Buches, einen Begriff von der Gestalt unseres Milchstraßensystems geben.

Sie stehen oft zu mehreren hundert in Nestern zusammen, und man schätzt ihre Gesamtzahl auf mehr als 100 Millionen.

Vielleicht wundern wir uns schon gar nicht mehr darüber, daß eine Untersuchung über die Stabilität rotierender Massen ergibt, daß Spiralnebel »wohl nicht älter als einige Milliarden Jahre sein können«.

Die Spiralnebel gehören zu den entferntesten Objekten im Kosmos. Man kann an ihnen eine Beobachtung machen, die uns in der Frage nach dem Anfang des Kosmos weiterbringt.

Zerlegt man das von den Himmelsobjekten kommende

Licht durch ein Glasprisma oder eine andere entsprechende Vorrichtung in die einzelnen Farben, so erhält man das Spektrum, ein Farbenband mit den Regenbogenfarben und darin zahllose feine schwarze Linien (also ausgelöschtes Licht von ganz bestimmten Farben), die nach ihrem Entdecker, dem deutschen Optiker Fraunhofer die »Fraunhoferschen Linien« genannt werden.
Am Spektrum der Spiralnebel zeigt sich nun eine merkwürdige Erscheinung: die charakteristische Anordnung der Fraunhoferschen Linien bleibt zwar gleich, erscheint aber als Ganzes um so weiter nach dem roten Ende des Spektrums verschoben, je entfernter der Spiralnebel ist.
Was bedeutet diese »Rotverschiebung«?
Wir wissen, daß diese schwarzen Linien von der Anwesenheit bestimmter chemischer Elemente in der Atmosphäre der Sterne herrühren. Sie löschen jeweils eine oder mehrere für sie charakteristische Farben im Spektrum aus.
Nun ist nicht einzusehen, warum ein chemisches Element, das man ja an seiner charakteristischen Gruppe von Linien erkennt, immer rötere Farben auslöschen soll, je weiter es von uns entfernt ist. Die Fähigkeit, bestimmte Farben auszulöschen, ist im Bau seiner Atome begründet, und der ist unveränderlich. Man muß daher annehmen, daß ein Element immer die gleichen Farben auslöscht und daß die Rotverschiebung durch Umstände bewirkt wird, die irgendwie mit der Entfernung der Spiralnebel zusammenhängen müssen.
Wir kennen nur einen einzigen physikalischen Vorgang, der das bewirken könnten, nämlich den Effekt, der nach seinem Entdecker, dem Prager Physiker Christian Doppler, der »Doppler-Effekt« genannt wird. Er besagt, daß das von einer Lichtquelle ausgestrahlte Licht für den Beschauer um so stärker nach der roten Seite des Spektrums verschoben erscheint, je rascher sich die Lichtquelle von ihm entfernt. Es

ist die gleiche Erscheinung, die uns den Klang einer Schallquelle um so tiefer erscheinen läßt, je schneller sie sich von uns entfernt. Denn röteres Licht bedeutet langsamere Schwingung, wie tiefere Töne ebenfalls langsamere Schwingung bedeuten.

Berechnet man daraus die Bewegung der Spiralnebel, so ergeben sich überraschend hohe Geschwindigkeiten, die in einer höchst bedeutsamen Beziehung zur Entfernung stehen. Sie betragen je nach der Entfernung zwischen 1200 und 61 000 Kilometer in der Sekunde von uns weg. Die Geschwindigkeit eines Spiralnebels ist also um so größer, je weiter er von uns entfernt ist. Die Aufdeckung dieses Zusammenhangs verdanken wir dem amerikanischen Astronomen Edwin P. Hubble.

Vier Dinge daran sind merkwürdig:

1. Es bewegen sich alle Spiralnebel in sämtlichen Richtungen von uns weg. Man spricht daher von der »Flucht der Spiralnebel«.
2. Wir befinden uns in der Mitte der Fluchtbewegung.
3. Wenn man in die Vergangenheit zurückrechnet, so ergibt sich, daß alle Spiralnebel zu gleicher Zeit von uns weg gestartet sein müssen und
4. daß das vor 10 Milliarden Jahren war.

So kommen wir nun zum 6. oder 7. Mal auf einem ganz anderen Weg wieder zu einer Zahl der gleichen Größe für das Alter unseres Kosmos, und die oben zurückgestellte Frage, ob es nicht doch noch ältere Objekte geben könnte, die wir nur noch nicht gefunden hätten, hat sich erledigt. Es kann keine geben, denn wir wissen nun sicher, daß unser jetziger Kosmos vor 10 Milliarden Jahren einen Anfang gehabt haben muß, oder daß er zumindest völlig anders gewesen sein muß, sofern es damals überhaupt etwas gegeben hat.

Im heutigen Kosmos ist die Materie in Form von Billionen

von Sternen und Sternwolken in unvorstellbare Weiten zerstreut. Damals aber müßten die Massen, deren Gesamtmenge man auf 7 Oktillionen Tonnen (das ist eine 7 mit 48 Nullen) beziffert, in einem einzigen Urstern zusammengeballt gewesen sein, der, an die Stelle der Sonne gesetzt, noch nicht einmal halb bis zur Merkurbahn gereicht, von dem aber ein Stecknadelkopf eine halbe Million Tonnen gewogen hätte.

So müßte unsere Welt vor 10 Milliarden Jahren ausgesehen haben, wenn wir nur Vorstellungen folgen, die uns wohlvertraut sind. Die Weltgeburt aber bestand dann darin, daß dieser Urstern in einer Urexplosion von unvorstellbarer Gewalt auseinandergejagt wurde, so daß die Teile, welche dabei die größte Geschwindigkeit erhalten haben, inzwischen am weitesten hinausgeflogen sind. So wäre erklärt, warum wir sie um so weiter draußen finden, je größer ihre Fluchtgeschwindigkeit ist.

Die schwache Stelle in diesem Bild ist paradoxerweise das Gewaltigste in ihm: der gigantische Urknall. Wir lassen uns durch die Unvorstellbarkeit der Massen, Energien, Zeiten und Weiten des Kosmos so blenden, daß wir nicht mehr sehen, daß es in ihm auch Grenzen gibt. Und so ist die Energieentladung, die notwendig gewesen wäre, um einer Masse von 7 Oktillionen Tonnen gegen ihre überdimensionale konzentrierte Gravitation und gegen ihre gigantische Massenträgheit in einigen Augenblicken Geschwindigkeiten aufzuzwingen, die sie noch heute, nach 10 Milliarden Jahren mit mehr als 60 000 Kilometer in der Sekunde in den fernen Raum hinaustragen, nicht nur unvorstellbar, sondern auch nach kosmischen Maßen übergroß und damit undenkbar.

Gewiß, das Bild ist grandios, und tausend Milliarden Atombomben sind nichts gegen die Gewalt dieses Urknalls.

Wo aber kam diese Energie her? Wo kam der Urstern her?

Fordern diese beiden Fragen nicht noch dringlicher eine Antwort als die Existenz einer dünnen interstellaren Materie, die uns zuvor beunruhigt hat?

Man hat versucht, diese Fragen damit zu beantworten, daß der Urstern nicht etwa aus einem ruhigen Zustand plötzlich explodierte, sondern daß er für einen Augenblick aus dem Zusammenbruch eines früheren Universums entstand, um sich sogleich nach Art eines elastischen Rückstoßes wieder auszudehnen. Dabei wird jedoch stillschweigend vorausgesetzt, daß dieser Zusammenbruch die ganze Materie dieses früheren Universums nicht nur gezielt auf einen einzigen Punkt, sondern dazu noch in einem einzigen Augenblick zusammenführte. Jede dieser beiden Voraussetzungen für sich ist keineswegs selbstverständlich, sondern eine Zufälligkeit von geringster Wahrscheinlichkeit. Beide miteinander verbunden grenzen nahe an Unmöglichkeit.

Was aber hätte es für einen Sinn, die Frage nach der Entstehung unseres Universums mit einem Zustand oder Vorgang zu beantworten, der ein Höchstmaß an Unwahrscheinlichkeit mit einem Geringstmaß an Aussage verbindet? Denn die Frage wird damit nicht beantwortet, sondern nur einen unabsehbaren Schritt weiter in eine nebelhafte Vorvergangenheit zurückgeschoben, über die wir überhaupt nichts mehr erfahren können; denn sie lautet nun: Woher kommt dieser frühere Kosmos? Wie ist er entstanden?

So verrät uns die Flucht der Spiralnebel zwar einen gesicherten Zeitpunkt für den Beginn unserer Welt, stellt uns aber um so verwirrter vor die Frage nach dem Zustand oder Vorgang, aus dem sie sich entwickelt haben könnte.

Aber vielleicht sagt uns ein anderes Urelement der Welt mehr darüber?

Sehen wir den Raum an!

Kapitel 10

Wie groß ist der Weltraum?

Im Jahre 1826 hat der Bremer Arzt und Astronom Wilhelm Olbers die Frage gestellt: Warum ist der Himmel bei Nacht dunkel? Diese auf den ersten Blick dumme Frage entpuppt sich bei näherer Betrachtung als eine fast ausweglose Fallgrube.

Wir haben gesehen, daß schon wegen der ungeheuren aber doch begrenzten Weiten, in die sich die Milchstraße erstreckt, die Sterne dort so dicht zu stehen scheinen, daß sie in einen sanften Schimmer zusammenfließen. Wenn der Raum unendlich groß und gleichmäßig mit Sternen oder Sternsystemen besetzt wäre, dann müßten die unendlich vielen Sterne den ganzen Himmel erhellen, da an jedem Punkt des Himmels schließlich einmal ein Stern zu sehen wäre. Der Himmel müßte auch bei Nacht hell sein.

Da dies nicht der Fall ist, kann der Raum nicht unendlich groß sein, es sei denn, er wäre nicht in alle Fernen gleichmäßig mit Sternen bevölkert. Es gibt jedoch keinerlei Anzeichen dafür, daß die Besetzung des Raumes in den fernsten Weiten anders wäre als in unserer Nähe, und es gibt gute Gründe dafür, daß die durchschnittliche Materiedichte im Raum überall sogar gleich sein muß. Es bleibt also bei

der Schlußfolgerung, daß der Raum nicht unendlich groß sein kann.
Damit verfallen wir aber der unlösbaren Frage, was dort kommt, wo der Raum zu Ende ist. Hier wird ersichtlich, daß unser Vorstellungsvermögen nicht ausreicht, diese Frage zu beantworten, denn es ist unausweichlich im Raum befangen. Was soll denn an der Grenze des Raumes kommen, wenn nicht wieder etwas, was Raum ist oder Raum einnimmt? Können wir denken, daß dort die Welt mit Brettern vernagelt ist, oder wollen wir uns dem mittelalterlichen Bild anschließen, daß der Raum durch eine Wand begrenzt sei, hinter der sich der Himmel auftue?
Es scheint, daß es auf die Frage nach den Grenzen des

Holzschnitt aus der Zeit um 1530. So stellte man sich im Mittelalter die Begrenzung des Weltraumes vor, hinter der sich der Himmel befindet.

Raums keine Antwort geben kann, die die Grenzen unseres Vorstellungsvermögens nicht überschreitet.

Wenn wir einen modernen Physiker fragen, ob der Weltraum unendlich groß sei oder nicht, so sagt auch er, es gebe zwingende Gründe dafür, daß er nicht unendlich groß sein könne.

Wenn wir dann fragen, was dort komme, wo der Raum zu Ende sei, was die Begrenzung des Raums bilde, so lautet seine Antwort, der Raum habe kein Ende und keine Begrenzung.

Das erscheint uns widersprüchlich: wenn der Raum eine endliche Größe habe, muß er dann nicht begrenzt sein?

Nein, antwortet der Physiker. Diese Widersprüchlichkeit sei nur scheinbar und komme von der Begrenztheit unseres Vorstellungsvermögens. Der Raum, den wir dreidimensional (nach Länge, Breite und Höhe) erleben, sei in Wirklichkeit etwas anderes, Höheres, Vierdimensionales. Zu den drei von uns gesehenen Dimensionen komme noch eine vierte, »überräumliche«. Unser Raum sei in diese vierte Dimension hinein gekrümmt und in sich geschlossen. Darum sei er ohne Grenzen und doch nicht unendlich groß.

Wie haben wir das zu verstehen?

Um wenigstens zu einer Ersatzanschauung zu kommen, denken wir uns ein Wesen, das seine Welt als Fläche erlebt, wie wir sie als Raum erleben. Das Wesen sei flächig, wie auf ein Blatt Papier gezeichnet, seine Welt beschränke sich auf die Papierfläche, seine Vorstellungen seien flächengebunden, wie die unsrigen raumgebunden sind, eine dritte, auf seiner flächigen Welt senkrecht stehende Dimension, z. B. die Höhe und damit ein Raum, also alles, was nicht auf dem Blatt Papier gezeichnet ist, sei ihm ebenso unvorstellbar wie uns eine vierte, auf unserer räumlichen Welt senkrecht stehende, überräumliche Dimension.

Das Flächenwesen kann sich seine Welt immer nur als eine

Eine Kugelfläche ist eine im Raum, also in der dritten Dimension gekrümmte Fläche. Ihr Mittelpunkt liegt nicht auf ihr, sondern im von ihr umschlossenen Raum. Sie hat eine bestimmte Größe, aber keine Grenzen.

ebene Fläche vorstellen, wie eine Tischplatte (wenn seine Welt nicht unendlich groß ist) oder wie eine grenzenlose Ebene (wenn sie unendlich groß ist). Wir aber wollen sie uns nicht eben, sondern gekrümmt, als Oberfläche einer riesigen Kugel denken. Wir können das, weil wir das räumliche Vorstellungsvermögen haben. Für das Flächenwesen ist das unvorstellbar. Es sieht seine Welt immer nur zweidimensional eben und flach, etwa so, wie sich die Menschen früher die Erde gedacht haben.

Und nun wiederholen wir das Frage-Antwortspiel mit unserem Physiker. Wenn wir dem Flächenwesen aus der uns geläufigen Vorstellung einer riesigen Kugel – etwa der Erde – sagen, die Fläche seines Kosmos sei nicht unendlich groß, sondern messe eine bestimmte Zahl von Quadratmetern – bei der Erde wären es 510 Billionen Quadratmeter – so stellt es sie sich begrenzt wie eine gewaltige Platte oder Scheibe vor und fragt, was dort komme, wo diese Fläche zu Ende sei, was jenseits der Begrenzung der Fläche liege – genau so wie sich die Menschen früher gefragt haben, was das Ende der Welt bilde.

Unsere Antwort lautet: diese Fläche habe kein Ende und keine Begrenzung, man könne sich in jeder beliebigen Richtung beliebig weit auf ihr bewegen und würde doch nie an ein Ende kommen.

Das erscheint dem Flächenwesen widersprüchlich: wenn die Fläche eine endliche Größe habe – zum Beispiel, wie wir sagten 510 Billionen Quadratmeter – dann müsse sie doch eine Grenze haben, irgendwie begrenzt sein.

Nein, würden wir antworten. Die Widersprüchlichkeit sei nur scheinbar und komme von der Begrenztheit seines Vorstellungsvermögens. Die Fläche, die es zweidimensional sehe und erlebe, sei in Wirklichkeit etwas anderes, Dreidimensionales. Die Fläche seines Kosmos sei in diese dritte Dimension hinein gekrümmt (wir wissen: eine Kugeloberfläche) und in sich geschlossen. Darum sei sie ohne Ende und Grenze und doch nicht unendlich groß.

Dieses Gespräch entspricht Wort für Wort dem Gespräch zwischen dem Physiker und uns. Es zeigt, daß ein Raum, der grenzenlos aber doch nicht unendlich groß ist, *denkbar* ist, nämlich, wenn er in eine vierte Dimension gekrümmt und in sich geschlossen ist. Daß dieser Raum nicht anschaulich vorstellbar ist, spricht nicht gegen seine Möglichkeit. Wenn wir ehrlich sein wollen, fällt es uns sogar schon schwer, uns anschaulich vorzustellen, wie die Menschen auf der anderen Seite der Erdkugel, unsere Antipoden, gehen und stehen. Wir wissen wohl, daß sie, von uns aus gesehen, mit den Füßen nach oben, unter der Erde hängend lau-

fen. Aber wirklich vorstellen können wir uns das nicht recht. Unser Flächenwesen könnte trotz der Beschränktheit seines Vorstellungsvermögens entdecken, daß seine Welt nicht zwei- sondern dreidimensional ist. Es könnte beispielsweise feststellen, daß bei sehr großen Dreiecken die Winkelsumme größer ist als 180 Grad, wie das bei Dreiecken auf einer Kugel der Fall ist. So wär das Flächenwesen zu der Folgerung gezwungen, daß die Fläche seiner Welt nicht eben, sondern gekrümmt sei; denn die Winkelsumme ist in der ebenen Geometrie immer genau gleich 180 Grad.
Vielleicht käme es dann auf den Gedanken, die Probe aufs

Die Winkelsumme »sphärischer« Dreiecke ist immer größer als 180 Grad.

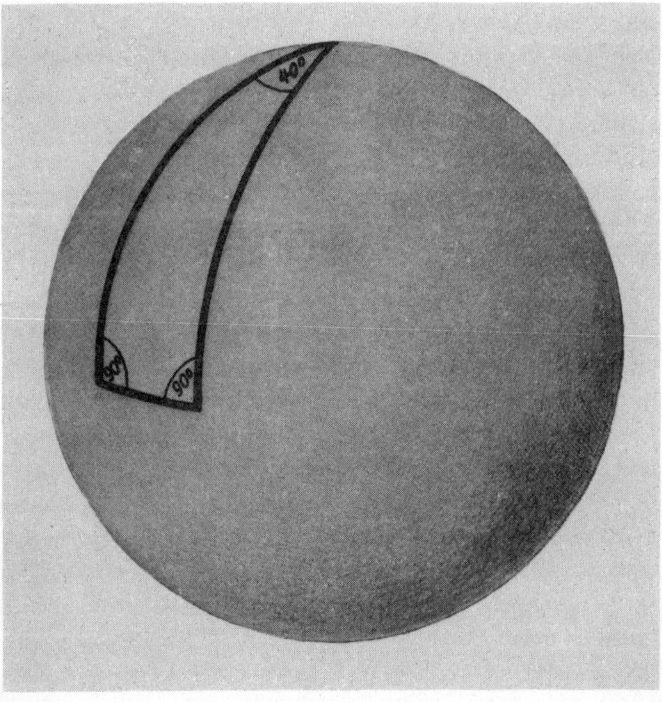

Exempel zu machen und festzustellen, ob man schließlich von der entgegengesetzten Richtung wieder heimkommt, wenn man immer in der gleichen Richtung drauflosmarschiert. Wir wissen, daß das tatsächlich der Fall ist, wenn es auch ein weiter Weg um die Erde herum wäre.

Ebenso gibt es Anzeichen dafür, daß die Vierdimensionalität des Raums nicht eine bloße mathematische Spielerei, sondern tatsächliche Wirklichkeit ist. Man ist bereits auf die Suche nach »antipodischen« Weltkörpern gegangen, die so weit entfernt sind, daß sie sozusagen auf der »anderen Seite« des Raums stehen und zweimal zu sehen sind, einmal in der einen Richtung und ein zweites Mal »hinten herum«, in genau entgegengesetzter Richtung. Da über so große Entfernungen das Licht nicht mehr durchkommt, hat man den Versuch mit entferntesten Quellen von Radiostrahlung gemacht und glaubt, tatsächlich 26 solche »antipodischen« Paare, in Wirklichkeit also 26 Objekte dieser Art gefunden zu haben. Die Anschauung, daß der Raum vierdimensional sei, ist nicht nur mathematisch und physikalisch einwandfrei, sondern auch die einzige gedanklich befriedigende Antwort auf die Frage nach der Unendlichkeit oder Begrenztheit des Raums.

Unser kosmischer Raum ist also wahrscheinlich nicht »eben«, sondern »gekrümmt«, und es werden sogar Zahlen für den in der vierten Dimension liegenden Krümmungsradius unserer Welt gegeben. (Auch das Flächenwesen könnte aus den Abweichungen der Winkelsumme den Radius seiner in Wirklichkeit räumlichen Welt berechnen).

Der Krümmungsradius unseres kosmischen Raumes soll 30 000 Trillionen Kilometer (eine 3 mit 22 Nullen) betragen. Der Rauminhalt, der sich daraus errechnet, ist $27 \cdot 10^{67}$ Kubikkilometer – das ist eine 27 mit 67 Nullen. So viel über den Raum an sich.

Nun sind nach den Anschauungen der Physik Raum, Zeit

und Materie so untrennbar ineinander verflochten, daß keine von ihnen ohne die beiden anderen existiert und an keinem von ihnen etwas ohne die Beteiligung der beiden anderen geschehen kann.

Daß Materie den Raum zu ihrer Existenz voraussetzt, ist uns anschaulich klar. Wir wissen zwar, daß der Raum, den ein Atom einnimmt, nur zum kleinsten Teil mit Materie erfüllt ist; aber dort, wo sie tatsächlich ist, erfüllt sie den Raum vollständig und läßt keinen Platz für irgendetwas anderes.

Ebenso, wenn auch nicht so offensichtlich, ist das Verhältnis der Materie zur Zeit. Materie wird heute vielfach als Schwingungserscheinung verstanden und bedarf somit auch der Zeit, da jede Schwingung Zeit braucht und daher nur in der Zeit existieren kann.

Materie ist also ohne Raum und Zeit unmöglich. Soweit stimmen unsere Anschauungen mit der Physik überein.

Anders ist es mit dem Verhältnis von Raum und Zeit zur Materie. Nach unseren Vorstellungen könnte der Raum auch völlig leer sein; er könnte auch ohne Materie, unabhängig von ihr, also »absolut« existieren. Und die Zeit liefe genauso weiter, auch wenn gar nichts in ihr geschähe; auch sie könnte ohne Materie, also »absolut«, existieren.

Diese beiden Anschauungen täuschen. Wir können uns zwar nicht vorstellen, wie Raum und Zeit voneinander abhängig sind und mit der Materie zusammenhängen, aber das ist unzweifelhaft der Fall. Die Relativitätstheorie lehrt, daß Raum und Zeit sich für einen Körper ändern, wenn er sich sehr schnell bewegt. Der Raum schrumpft für ihn zusammen, die Zeit läuft für ihn langsamer. So hat jeder Körper genaugenommen seinen eigenen Raum und seine eigene Zeit. Raum und Zeit existieren nur im Zusammenhang mit der Materie, sie sind ohne sie unmöglich, sie sind nicht »absolut«. Die Tatsache dieser Zusammenhänge ist

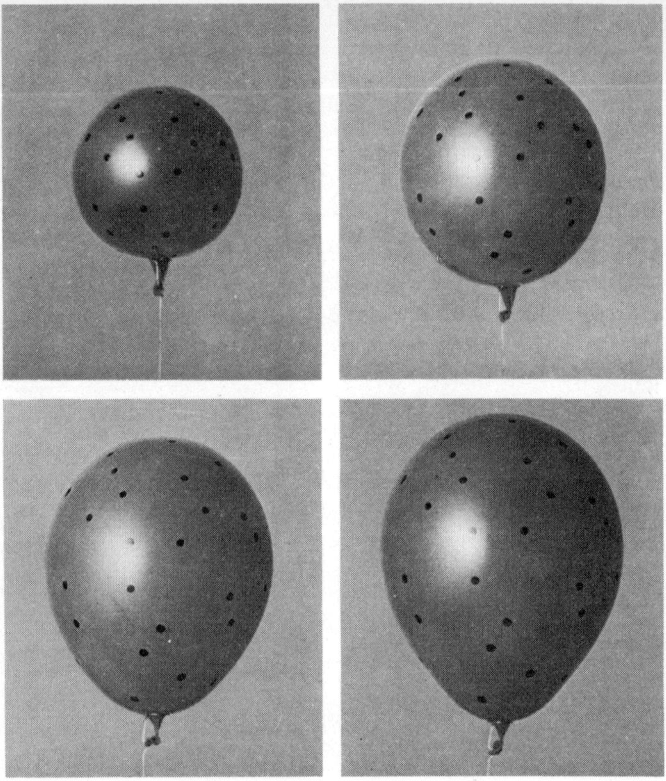

Auf einer sich ausdehnenden Kugelfläche entfernen sich alle Punkte der Oberfläche voneinander.

unbestreitbar, weil wir Naturerscheinungen kennen, die anders nicht zu erklären sind.

Die heutige Naturwissenschaft erklärt also, daß Raum, Zeit und Materie drei untrennbar einander bedingte Erscheinungen sind und daß keine ohne die beiden anderen möglich ist. Man darf also auch keine für sich allein betrachten. Diese zunächst unbequeme, weil unanschauliche Tatsache hilft uns in unseren Betrachtungen ganz erheblich weiter:

die Verflechtung bedeutet, daß alles, was wir an einer dieser Erscheinungen feststellen, sich auch bei den beiden anderen auswirkt und daß wir so Antworten auf sonst vielleicht unbeantwortbare Fragen bekommen können.

Unter diesen Umständen drängt sich der Gedanke auf, daß die im vorigen Kapitel geschilderte Fluchtbewegung der Spiralnebel in den Raum hinaus nicht ohne Rückwirkung auf den Raum sein kann; denn es handelt sich um ungeheure Materiemengen und sehr hohe Geschwindigkeiten. Man nimmt darum heute an, daß die Fluchtbewegungen nicht eigentlich eine Bewegung der Spiralnebel in den vorhandenen aber noch leeren, also wieder absoluten Raum hinaus, sondern eine »Ausdehnung des Raumes« selbst sei, daß also sozusagen der Raum im Vordringen der Materie erst entstehe.

Im Bild unseres Flächenwesens würde das ganz anschaulich heißen, daß sich die Fläche seiner Welt ausweitet wie ein Kinderballon, den man aufbläst. Auch hier entfernen sich die Punkte der Oberfläche nach allen Seiten voneinander und zwar um so rascher, je größer ihr Abstand voneinander ist. Außerdem hat man an jedem Punkt den Eindruck, in der Mitte dieser Fluchtbewegung zu stehen.

Genau so hätte man sich zu denken, daß der in der vierten Dimension liegende Radius und damit das Volumen unseres Weltraumes entsprechend zunehmen, wodurch alle Punkte des Raumes sich voneinander entfernen, und zwar um so rascher, je größer ihr Abstand voneinander ist.

Dieses fast anschauliche Bild, das so gut wie zwangsläufig aus den physikalischen Gegebenheiten folgt, vermeidet zwei Schwierigkeiten, in die man bei der Annahme eines Urknalls gerät.

Die erste ist der Urknall selbst, der wie gesagt auch nach kosmischen Maßen überdimensional wäre. Nun breitet sich nicht die Materie im Raum, sondern der Raum selbst aus,

wodurch alle Sternsysteme ohne einen Urknall in ihm gleichmäßig auseinanderrücken.
Die zweite Schwierigkeit besteht darin, daß wir uns bei der Annahme einer Urexplosion in der Mitte der Fluchtbewegung und damit im Zentrum des Raumes befänden. In einem vierdimensionalen Raum gibt es aber ein solches Zentrum innerhalb der drei uns erfaßbaren Dimensionen ebensowenig, wie es auch in der Fläche des Flächenwesens keinen Mittelpunkt gibt, denn dieser – der Kugelmittelpunkt – liegt nicht in der Fläche selbst, sondern in der dritten Dimension – im Raum. So liegt auch der Mittelpunkt unserer Welt nicht in unserem dreidimensionalen Raum, sondern in der vierten Dimension. Man muß darum gegen jedes Bild mißtrauisch sein, das uns einen Mittelpunkt im dreidimensionalen Raum vorgaukelt.
Der Wert von 30 000 Trillionen Kilometer für den Weltradius, der oben genannt wurde, wäre demnach nur der gegenwärtige Wert und nähme laufend zu. Man nimmt sogar an, daß er das mit einer Geschwindigkeit tut, durch die sich unser dreidimensionaler Raum in jeder Richtung mit Lichtgeschwindigkeit erweitert. Das wären für den Weltradius rund 100 000 Kilometer in der Sekunde oder eben 30 000 Trillionen Kilometer in 10 Milliarden Jahren.
Wir haben damit den Urknall selbst einigermaßen entschärft, wenn auch noch offen bleibt, wie wir uns den Ursprung und den Anfang der Welt zu denken haben.
Unsere Fragen lauten nun nicht mehr: Woher kommt der Urstern? Woher die Energie des Urknalls? Woher ein früheres Universum? Sondern viel gezielter: Woher kommt die Materie? Woher die Raumausdehnung? Da Materie und Raum einander bedingen, sind diese zwei Fragen vielleicht bloß eine einzige?
In unserer Betrachtung fehlt noch die Materie. Sehen wir, was sie uns sagen kann!

Kapitel 11

Woher kommt die Materie?

Wir sind nun bei der Frage angelangt, die ein Prüfstein für jede Kosmogonie ist; denn sie ist die letzte und schwierigste.

Man kann, um der Frage nach der Herkunft der Materie zu entgehen, einen ewigen Kreislauf annehmen, man kann vor ihr Zuflucht zu einem früheren Universum nehmen, über das man verständlicherweise nichts aussagen kann, man kann, wie es oft geschieht, sie einfach nicht stellen, und man kann als Entschuldigung dafür, daß man sie nicht stellt, ihr den Sinn absprechen, wie es auch sinnlos wäre, zu fragen, warum es Bäume, magnetische Felder, die Gravitation und den Kosmos gebe. Man habe einfach hinzunehmen, daß sie entstand oder entstehe.

Wir empfinden eine solche Einstellung als Kapitulation vor dem Grundproblem. Es geht nämlich nicht um das »warum«, nicht um die Ursache, den Grund oder den Sinn ihrer Existenz – das wäre eine philosophische oder theologische Frage –, sondern darum, auf welche Weise sie nach unseren Kenntnissen entstanden sein könnte. Wir stellen darum diese Frage nach dem »woher« und wollen wenigstens den Versuch unternehmen, sie zu beantworten, selbst wenn die

Antwort mit einigen offenen Punkten belastet sein sollte. Wir müssen uns allein schon um eine Antwort bemühen, weil wir damit vermutlich auch die Entstehung von Raum und Zeit erklären; auch deren Existenz ist schließlich nicht selbstverständlich. In den Ergebnissen der beiden letzten Kapitel stecken genug Ansätze für weitere Überlegungen.

Materie ist alles, was man wiegen kann, sei es schwer, wie der Stoff des Ursterns hätte sein müssen, oder leicht, wie die interstellare Materie. Materie kann sich in die Zustände fest, flüssig, gasförmig und durch den Wechsel ihres atomaren Aufbaus oder ihrer chemischen Zusammensetzung in die verschiedensten Stoffe verwandeln, sie kann aber nicht und niemals aus nichts entstehen oder in nichts vergehen. Das ist eine Grundanschauung jeglicher Physik, und es wäre nicht nur unvorstellbar, sondern auch widersinnig, wenn es anders wäre.

Materie gibt es im Kosmos in Form von Sternen, Planeten, Planetoiden, Monden, Kometen, Meteoriten, Trümmern, Staub, kosmischen Nebeln und interstellarer Materie. Ihre Gesamtmenge wird, wie schon erwähnt, auf 7 Oktillionen Tonnen geschätzt, und diese Menge ist nach den Anschauungen der klassischen Physik unveränderlich, eben weil kein Atom aus nichts entstehen oder in nichts vergehen könnte.

In der modernen Physik hat dieser Satz eine Ergänzung erfahren. Es war Albert Einstein, der fand, daß Materie und Energie zwei verschiedene Erscheinungsformen der gleichen Sache sind und ineinander umgewandelt werden können.

Energie ist alles, was Arbeit leisten kann oder leistet. Sie kann wie in einer gespannten Feder oder in einem aufgezogenen Gewicht in gespeicherter Form, wie in der Gewalt einer Explosion in aktiver Form, wie in strömendem Wasser an die Materie gebunden, wie als Licht- oder Wärmestrahlung frei von Materie erscheinen. Sie kann in chemischer, elektrischer, magnetischer, mechanischer, thermischer Form usw. auftreten und von jeder Form in jede andere verwandelt werden. Sie kann aber wie die Materie nicht und niemals aus nichts entstehen oder in nichts vergehen. Auch das ist eine Grundanschauung jeglicher Physik, und es wäre wie bei der Materie widersinnig, wenn es anders wäre. Das ist auch der Grund, warum die Physiker jedes »Perpetuum mobile«, also eine Maschine, die vorgibt, ohne Energiezufuhr zu laufen und Leistung abzugeben, unbesehen als unmöglich ablehnen; denn ein wirkliches Perpetuum mobile würde ja Energie aus nichts erzeugen.

Energie erscheint im Kosmos vor allem in Form der Licht- und Wärmestrahlung der Sterne, der kosmischen Strahlung, der Radiostrahlung; sie steckt in den ungeheuer aufgestauten Drücken und Temperaturen im Innern der Sterne, in den magnetischen, elektrischen und Schwerefeldern, die den ganzen Raum durchsetzen; sie steckt in der kinetischen Energie der Drehbewegungen und der Umläufe. Auch ihre Menge ist nach dem »Gesetz von der Erhaltung der Energie« der klassischen Physik unveränderlich, da ja kein Lichtquant aus nichts entstehen oder in nichts vergehen könnte.

In der modernen Physik jedoch sind die zwei Sätze von der Unveränderlichkeit der Materie- und Energiemenge in einen einzigen Satz zusammengelaufen. Man weiß heute, daß sich Materie in Energie und umgekehrt verwandeln kann, daß also nicht die Menge der Materie und die Menge der Energie je für sich unveränderlich sind, sondern daß das für ihre Summe gilt.

Es kann also Energie neu im Kosmos auftauchen, wie sie es ja tatsächlich in den Sternen tut, wenn dafür Materie verschwindet, und es kann auch Materie neu auftauchen, wenn dafür Energie verschwindet.

Wenn wir auch sonst nicht viel über das Wesen der Materie

und der Energie wissen, so genügt doch dieses Wenige, um uns vor einen unüberbrückbar scheinenden Widerspruch zu stellen.
Wenn wir gezwungen sind, unabdingbar daran festzuhalten, daß die im Kosmos vorhandene Summe von Materie plus Energie unveränderlich ist, so kann diese Summe nicht irgendwann einmal entstanden sein, weil dies ja die gewaltigste Veränderung dieser Summe gewesen wäre. Es muß sie seit Ewigkeit geben. Daran ist nicht zu rütteln. Dann – so scheint es – kann auch der Kosmos, den eine Summe von Materie plus Energie immer in einer, und sei es noch so fremden Form bilden muß, nicht erst vor 10 Milliarden Jahren entstanden sein, sondern es muß ihn schon immer gegeben haben.
Dieser Widerspruch gab auch den Anstoß zu der schon im ersten Kapitel erwähnten Ansicht, daß der Kosmos sich in ewigem Kreislauf erneuere, indem die in Energie verwandelte Sternmaterie sich in den Weiten des kosmischen Raumes in Materie zurückverwandle, um dann ihr Dasein als Stern neu zu beginnen. Wir haben aber schon im ersten Kapitel gesehen, daß diese Ansicht nicht richtig sein kann. In den letzten Kapiteln kam nun noch dazu, daß alle Beweise für einen Anfang vor 10 Milliarden Jahren einen Kreislauf dieser Art ohnehin ausschließen.
Der Gedanke aus dem 9. Kapitel, daß es die Materie in Form der dünnen interstellaren Materie schon immer gegeben habe, daß sie aber erst vor 10 Milliarden Jahren angefangen habe, Sterne zu bilden, verbietet sich vollends durch die Flucht der Spiralnebel, die ganz im Gegenteil für den Anfang einen überverdichteten Zustand fordert.
Als nicht ganz auszuschließende Möglichkeit bliebe demnach wirklich nur der Urstern, der sich durch den Zusammenbruch eines früheren Universums für einen Augenblick gebildet haben soll, um sich dann zu unserem Kosmos zu ent-

falten? Wenn wir diesen Gedanken in die Ewigkeit zurückverfolgen, wird unsere Welt eine unendliche Folge von Zusammenstürzen, Ursternen, Sichausdehnen und wieder Zusammenstürzen, wobei jeder einzelne Zusammensturz mit absoluter Genauigkeit des Ortes und der Zeit erfolgen müßte; war dies schon beim einmaligen Zusammensturz denkbar unwahrscheinlich, so könnte aus einer ewigen Wiederholung dieses Vorgangs nur ein völliges Chaos, niemals aber ein Urstern entstehen, in dem alle Materie im gleichen Augenblick am gleichen Ort zusammentraf.

Da auch diese Lösung unmöglich ist, muß trotz allem unser Kosmos und damit die Materie vor 10 Milliarden Jahren entstanden sein oder wenigstens angefangen haben zu entstehen.

Woraus ist die Materie dann entstanden? Doch aus nichts? Wie ist dieser Widerspruch zu lösen?

Es gibt eine Möglichkeit, auf die der deutsche Physiker Pascual Jordan hingewiesen hat.

Es bleibt, weil unabdingbar, dabei, daß die Summe von Materie plus Energie unveränderlich ist. In dieser Summe steckt aber ein negativer Summand von erheblicher Größe, nämlich die Energie des Gravitationsfeldes. Um zu sehen, zu welchen Folgerungen das führen kann, müssen wir etwas ausholen.

Wir wissen, daß in einer gespannten Feder eine gewisse Menge Energie steckt. Man kann die Feder durch Spannen mit einer gewissen Menge Energie aufladen und damit ein Uhrwerk treiben. Während die Feder das Uhrwerk antreibt, läßt die Spannung in dem Maß nach, in dem sie die Energie wieder abgibt und verschwindet schließlich. Die Spannung der Feder ist also die Form, in der die Energie gespeichert ist. Spannungen im Stahl sind also gleichbedeutend mit gespeicherter Energie.

Es muß nicht Stahl oder ein fester Körper sein. Auch in

dem unter Spannung stehenden Dampf eines Dampfkessels steckt Energie. Wir betreiben damit unsere Turbinen, indem wir den Dampf in ihnen entspannen.
Es muß nicht einmal eine solche mechanische Spannung in einem materiellen Körper sein. Sie kann auch magnetisch sein. Damit begegnen wir einer schon einmal als Beispiel

Im gespannten Dampf eines Dampfkessels steckt Energie. Bei Kesselexplosionen wird sie durch Entspannung des Dampfes plötzlich frei und richtet schwere Zerstörungen an.

erwähnten Erscheinung, die uns zwar wohlvertraut ist, von der wir aber keine anschauliche Vorstellung mehr haben können. Denn die Kräfte, die ein Magnet im Bereich seiner Pole – man sagt: im »magnetischen Feld« – ausübt, wirken auch im leeren Raum; sie bedürfen keines materiellen Trägers. Obwohl wir uns nicht vorstellen können, wie das vor sich geht, muß es so sein; denn jeder Magnet zieht Eisen auch über den leeren Raum hinweg an.

Um wenigstens ein Ersatzbild zu haben, denkt man sich das Magnetfeld von »Kraftlinien« durchsetzt, die diese unmateriell wirkenden Kräfte durch gespannte Fäden versinnbildlichen. In Wirklichkeit ist dort nichts, nur die Kraft, deren Richtung sie angeben.

Diese im Feld eines Magneten herrschenden Kräfte bedeuten, wie die Spannungen in der Uhrfeder und im Dampf, gespeicherte Energie. Also im leeren Raum gespeicherte Energie!

Wenn wir das Magnetfeld durch einen Elektromagneten erzeugen, müssen wir eine bestimmte Menge elektrischer Energie aufwenden, um es aufzubauen. Besteht es, so brauchen wir nur noch den geringen Strom zur Speisung des Elektromagneten, der eine andere Ursache hat. Wenn wir das Magnetfeld auslöschen, indem wir den Strom abschalten, so gibt uns das Magnetfeld die bei seinem Aufbau hineingesteckte Energie in Form eines Stromstoßes von hoher Spannung zurück, wodurch am Schalterkontakt ein Öffnungsfunken entsteht; denn die im Magnetfeld steckende Energie kann nicht einfach verschwinden, sondern muß sich in irgendeiner Weise auswirken. In jedem Auto wird die Erscheinung zur Erzeugung der Zündfunken verwendet.

So steckt in jedem »Feld« in physikalischem Sinn Energie. Ein solches Feld ist also ein Spannungszustand des Raumes und besteht überall dort, wo auf uns unsichtbaren Wegen Kräfte wirken – Anziehungskräfte, Abstoßungskräfte.

So ist auch der Raum um jeden Himmelskörper ein physikalisches Feld, weil in ihm die Massenanziehung, die Gravitation der Himmelskörper wirkt und alles, was in ihren Bereich gerät, beeinflußt und anzieht. Das Gewicht eines Körpers ist ja nichts anderes als diese Anziehungskraft. Dieses Gravitationsfeld enthält also auch Energie, und sie ist es, die uns den Widerspruch aufzulösen erlaubt. Wir nützen diese Energie aus, wenn wir eine Uhr durch ein Gewicht treiben lassen. Beim Hochziehen des Gewichts stecken wir sozusagen Energie in das Gravitationsfeld der Erde hinein, und das Gewicht gibt sie im Sinken wieder her.

Wie ungeheuer die Spannungen sind, die in diesem Gravitationsfeld herrschen, mag man daran erkennen, daß zur Übertragung der Kraft, mit der die Erde den Mond in ihrem Bann hält, ein Drahtseil von 600 Kilometern Dicke aus bestem Stahl notwendig wäre. Es handelt sich um eine Kraft von 20 000 Billionen Tonnen, welche die Erde allein schon in Richtung des Mondes ausübt, der nur einen verschwindenden Bruchteil des die Erde umgebenden Raumes einnimmt.

Die Gravitationsfeldenergie unterscheidet sich aber grundsätzlich von den anderen Feldenergien. Das Gravitationsfeld einer Materiemenge ist um so stärker, die mit ihr verbundene Gravitationsfeldenergie also um so größer, je dichter sie zusammengepackt ist. Wenn man ein Gravitationsfeld schwächen will, muß man daher die Materie, von der es stammt, im Raum verteilen; wollte man es ganz auflösen, so müßte man sie bis in die Unendlichkeit zerstreuen. Das kann man aber nur entgegen der von ihr ausgeübten Massenanziehung tun, das heißt, man muß dazu wie beim Heben von Gewichten Energie aufwenden.

Beim Gravitationsfeld ist es also gerade umgekehrt wie bei den anderen Beispielen. Löst man ein Magnetfeld auf, so liefert es Energie. Will man ein Gravitationsfeld auflösen,

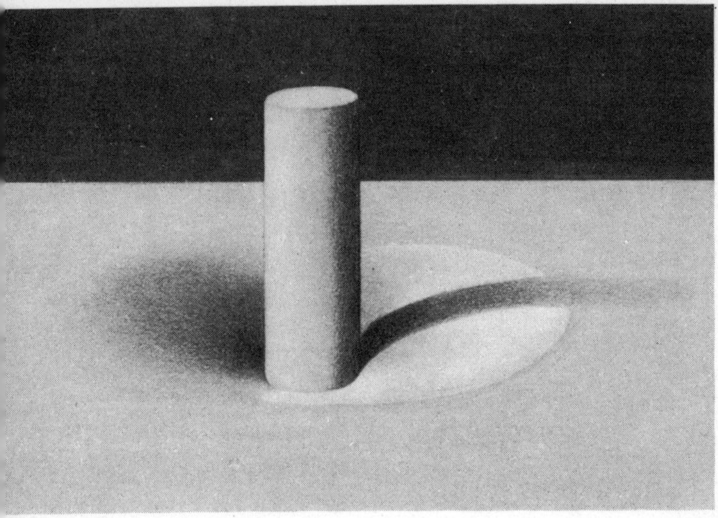

Wenn eine ebene Sandfläche das Energieniveau Null vorstellt, ist Materie ein Sandhaufen, der von einer Mulde – dem Gravitationsfeld mit seinem negativen Energiegehalt – umgeben ist.

so muß man Energie hineingeben. Logischerweise kostet dann sein Aufbau oder seine Verstärkung nicht Energie, sondern es wird dabei Energie frei.

Wenn ein Magnetfeld gespeicherte Energie vorstellt, so bedeutet ein Gravitationsfeld ein Energieminus, ein »Energieloch«, oder wie man es bezeichnen mag, das eben aufgefüllt werden muß, wenn das Gravitationsfeld verschwinden soll.

Wohin das führt, können wir am besten mit einem Bild veranschaulichen. Wir denken uns eine ebene Sandfläche; sie soll das Energieniveau »Null« vorstellen. Materie oder positive Energie, die wir einander gleichsetzen können, sind in diesem Bild ein Sandhaufen; negative Energie, ein »Energieloch« ist ein Loch im Sand.

Wenn wir Materie darstellen wollen, so müssen wir berücksichtigen, daß es keine Masse ohne Gravitation, keine Materie ohne das sie begleitende Gravitationsfeld mit seiner negativen Energie gibt. Wir müssen also auf der Fläche einen Sandhaufen errichten, aber immer auch zur Darstellung des Gravitationsfeldes im Umkreis eine Mulde herstellen, Sand ausgraben. Es fällt also immer auch eine Menge Sand an. Wohin mit ihm?

Wenn der Sand, den wir ausgraben müssen, gleich viel sein sollte wie der, den wir für den Sandhaufen brauchen, könnten wir ohne Zufuhr von Sand, allein aus der das Energieniveau Null, also das Nichts darstellenden ursprünglich glatten Sandfläche Materie mit dem sie begleitenden Gravitationsfeld schaffen, weil dann die Summe von Materie plus (negative) Gravitationsfeldenergie nach wie vor gleich Null wäre.

Das aber heißt: Die Entstehung von Materie aus dem Nichts ist denkbar, wenn das mit ihrem Gravitationsfeld gegebene »Energieloch« ebenso groß wie die entstandene Materie ist, wenn also die entstehende Materie von ihrem eigenen Gegengewicht in Form ihrer negativen Gravitationsfeldenergie begleitet ist.

Sofern eine Möglichkeit besteht, daß diese Bedingung erfüllt ist, haben wir einen Schlüssel zur Auflösung unserer widersprüchlichen Frage gefunden. Auch wenn man vom Nichts – der ungestörten Sandfläche – ausgeht, kann in diesem Fall Materie entstehen, ohne daß sich die Summe von Materie plus Energie ändert, ohne daß die Grundforderung verletzt ist; denn dann ist die Summe Materie plus Energie nach wie vor gleich Null.

Es gibt tatsächlich Zustände der Materie, in denen diese Bedingung erfüllt ist. Das ist dann der Fall, wenn die Materie in dichtester Packung in entsprechender Mindestmenge entsteht. Damit sind wir so weit, den Anfang unseres Universums, die Kosmogonie selbst zu betrachten.

Kapitel 12

Kosmogonie

Wenn wir nun alles zusammennehmen, was wir über Zeit, Raum und Materie gesagt haben, können wir versuchen, die ganzen 10 Milliarden Jahre in die Vergangenheit zurückzugehen, um einen Begriff von dem zu bekommen, was damals war, was damals geschehen sein muß und wie der Kosmos sich zum gegenwärtigen Zustand entwickelt hat. Obgleich wir dabei Unvorstellbares zu sagen haben, erscheinen die daraus sich ergebenden Folgerungen durchaus sinnvoll, ja recht besehen, als die einzig befriedigenden.

1. Im 10. Kapitel stellten wir fest, daß der Weltraum von endlicher Größe sei und sich laufend ausdehne. Geht man den Weg in die Vergangenheit zurück, so heißt das, daß der Raum früher kleiner war. Um unser zweidimensionales Vergleichsbild zu verwenden: er war früher kleiner, wie die Oberfläche eines Kinderballons, aus dem man Luft ausgelassen hat. Alle Sternsysteme stehen in ihm näher beisammen als heute, wie die Punkte der Oberfläche des Kinderballons näher zusammengerückt sind. Dies ist die Umkehrung der tatsächlich beobachteten Fluchtbewegung.

2. Wie weit in die Vergangenheit zurück ist dieser Vorgang denkbar? Setzt nicht die ungeheure Masse der immer enger

zusammenrückenden Spiralnebel – 7 Oktillionen Tonnen Materie – der Raumschrumpfung eine Grenze?

Wir haben im 10. Kapitel festgestellt, daß Zeit, Raum und Materie untrennbar ineinander verflochten sind. Ohne Raum keine Materie. Man kann auch sagen: weniger Raum – weniger Materie. Der Raum kann nur schrumpfen und weniger werden, wenn auch die Materie weniger wird. Dies gilt nicht erst, wenn es eng zu werden beginnt, bei fortgeschrittener Raumschrumpfung, gegen den Anfang unseres Kosmos, sondern allgemein und immer. Man ist heute der Ansicht, daß die durchschnittliche Materiedichte im Raum wegen der engen Bindung des Raumes an die Materie ein fester, unveränderlicher Wert ist und etwa 1 Gramm auf 40 Billionen Kubikkilometer (das ist ein Raumwürfel von 34 000 Kilometern Kantenlänge) beträgt, und daß daher jede Änderung des Raumes zu einer entsprechenden Änderung der Materiemenge führen muß. Raum und Materie stehen also in einem festen Gleichgewichtsverhältnis. Diese Gleichgewichtstheorie ist besonders von dem englischen Mathematiker und Astrophysiker Fred Hoyle durchgearbeitet worden.

3. Kann die Materie weniger werden, wenn der Raum kleiner wird? Im 11. Kapitel haben wir festgestellt, daß sie nicht spurlos in nichts verschwinden kann. Wenn sie verschwinden soll, muß sie in Energie verwandelt werden. Gut. Aber wohin mit der Energie?

Wenn Materie verschwindet, muß auch das von ihr stammende Gravitationsfeld verschwinden. Um ein Gravitationsfeld aufzulösen, muß aber Energie aufgewendet werden. Es wird also Energie gebraucht.

4. Am Schluß des 11. Kapitels hieß es, daß es einen Zustand der Materie gebe, in dem das mit dem Gravitationsfeld gegebene »Energieloch« ebenso groß sei wie die in Energie verwandelte Materie, von der es stamme; um den

dortigen Vergleich zu gebrauchen: es gebe einen Zustand, in dem das Loch, das wir zur Darstellung des Gravitationsfeldes aus einer ungestörten Sandfläche ausgraben müssen, ebenso groß sei wie der Sandhaufen, den wir zur Darstellung der Materiemenge aufschütten müssen, von der das Gravitationsfeld stammt. Wenn wir vorläufig diese Möglichkeit als real unterstellen, setzt das Vorhandensein von Materie der Raumschrumpfung keine Grenze. Die Materie, die mit der Raumschrumpfung verschwinden muß, wird immer gerade gebraucht, um – als Energie – das Schwerefeld aufzulösen, das mit ihr verschwinden muß.

5. Nähert sich der Weltradius und damit das Volumen der Welt dem Wert Null, so nähert sich auch die Menge der Materie und damit das Energieminus des Gravitationsfeldes dem Wert Null. Der Sandhaufen ist klein geworden, aber auch das Loch im Sand ist klein geworden.

6. Nun sind wir gerüstet, die vollen 10 Milliarden Jahre bis zu dem Zeitpunkt zurückzugehen, zu dem der Weltradius gleich Null gewesen sein muß, wie es sich nach Kapitel 9 aus der Geschwindigkeit der Raumausdehnung und der Entfernung der Spiralnebel ergibt.

Wenn der Weltradius zu Null geworden ist, ist auch der Raum unseres Kosmos zu Null geworden. *Es gibt keinen Raum mehr.* Der Kinderballon ist so weit geschrumpft, daß er in nichts verschwunden ist.

Wenn der Raum zu Null geworden ist, muß auch die Materie verschwunden sein. Der Sandhaufen ist verschwunden und es gibt kein Loch mehr im Sand. *Es gibt keine Materie und keine Energie mehr.* Die eingeebnete Sandfläche bedeutet ja das Energieniveau Null.

Da es ohne Materie und Raum auch die Zeit nicht gibt, stehen wir am Anfang der Zeit. *Es gibt kein »Vorher«.*

*

Das alles *muß* unvorstellbar sein. Denn es wäre widersinnig, wenn wir uns das absolute Nichts – keinen Raum, keine Materie, keine Zeit – vorstellen könnten. Auf der anderen Seite müssen wir zwangsläufig zu diesem Ergebnis kommen, wenn wir von dem Gedanken ausgehen, daß der Kosmos einmal wirklich entstanden ist und sich nicht aus einem früheren, davorliegenden Zustand entwickelt hat.

Wenn es im Anfang des Kosmos überhaupt etwas gab, dann war es nach diesem Ergebnis unabhängig von Raum, Zeit und Materie, also etwas völlig Absolutes und in Begriffe der natürlichen Welt nicht faßbar und in keinem Sinn anschaulich vorstellbar; denn alle unsere Vorstellungen sind in Raum, Zeit und Materie gefangen. Wir erkennen und erleben die Welt nur, soweit sie in diesen Dimensionen liegt.

Wir sind damit am Anfang aller Dinge angelangt und können nun versuchen, das Werden unseres Kosmos zu verfolgen.

Im Anfang war nichts.

Das reine Nichts – unvorstellbar für uns, weil es vom reinen Nichts keine Vorstellung geben kann.

Es gab nicht den Raum als Bühne des Geschehens wie heute, keinen Urabgrund, in dem die Welt hätte entstehen können, keine gähnende Leere, weil das immer noch Raum gewesen wäre.

Es gab nicht die Zeit, in der sich eine Kosmogonie, eine Weltgeburt hätte vollziehen können, kein Vorher, in der sie sich hätte vorbereiten können, keinen Vorgang, aus dem sie sich hätte entwickeln können.

Es gab nicht die Materie, den Stoff, aus dem unsere Welt gebaut ist, nicht einmal in ungeformtem, chaotischem Zustand, aus dem sie sich zur Welt hätte formen lassen.

Es gab nicht die physikalische Energie, in keiner Form, die etwas hätte bewirken können.

Der Anfang bestand darin, daß sich vor etwa 10 Milliarden Jahren Raum, Zeit und Materie gemeinsam in einem einzigen, untrennbar ineinander verflochtenen Vorgang zu bilden begannen.
Bei der Entstehung der Materie aus ihrer eigenen negativen Gravitationsfeldenergie besteht jedoch, wie wir am Schluß des vorigen Kapitels erwähnt haben, eine Einschränkung: sie kann sich nur in dichtester Packung und in einer auch nach kosmischen Maßen recht erheblichen Mindestmenge bilden.
Die unmittelbare Entstehung etwa von Neutronen oder Wasserstoffatomen, also von interstellarer Materie wäre demnach unter den uns bekannten Bedingungen nicht möglich. Neutronen entsprechen zwar hinsichtlich der Dichte, aber bei weitem nicht hinsichtlich der Menge diesen Bedingungen.
Pascual Jordan hat daher angenommen, daß die Materie heute in Form von »Supernovas« entstehe, bei welchen die Bedingungen erfüllt wären. Eine Supernova ist ein Stern, der ähnlich wie eine im 8. Kapitel beschriebene »Nova« in einem gewaltigen Energie- und Lichtausbruch am Himmel steht. Diese Erscheinung ist das ungeheuerste Ereignis, das wir im Kosmos kennen und übertrifft einen Nova-Ausbruch an Heftigkeit um das Tausendfache, ist also sicherlich anderer Art. Der größte Teil der Materie wird dabei in den Raum hinausgeschleudert, wo sie sich zur interstellaren Materie gesellt. Eine Supernova verstrahlt in den ersten 25 Tagen ihres Bestehens ebensoviel Energie wie unsere Sonne in 1 Million Jahren. Nach dem plötzlichen Ausbruch sinkt der Stern in zwei bis drei Jahren auf etwa hundertfache Sonnenhelligkeit zurück. Man kann in unserem Milchstraßensystem eine Supernova in 200 bis 300 Jahren beobachten.
Man ist jedoch heute der Ansicht, daß eine Supernova ein

normales Ereignis im Leben eines Sternes ist, wenn er eine viel größere Masse als unsere Sonne hat.
Von Fred Hoyle wird daher die Ansicht vertreten, daß es außer dem an die Materie gebundenen Gravitationsfeld

Eine das Energieniveau Null vorstellende Sandfläche muß zur Darstellung des allgemeinen Raumfeldes in einem entsprechenden Bereich abgesenkt werden. Der anfallende Sand erzwingt die Aufschüttung von Sandhaufen = Materie mit dem sie umgebenden Gravitationsfeld.

noch ein allgemeines, an den Raum gebundenes »Raumfeld« gebe, daß also schon ein als leer gedachter Raum ein Energieminus bedeuten würde. Das wäre zugleich eine Erklärung für die untrennbare Beziehung zwischen Raum und Materie. Raum bedarf demnach als negative Energie

zwangsläufig der Materie als positiver Energie, um überhaupt denkbar zu sein und existieren zu können.
Wenn wir das auf unser Bild von der unendlich groß zu denkenden Sandfläche übertragen, so würde die Entstehung eines bestimmten Raumvolumens bedeuten, daß innerhalb eines entsprechenden Sandareals das Niveau der Sandfläche zur Darstellung des allgemeinen Raumfeldes um einen gleichmäßigen Betrag abzusenken wäre. Der anfallende Sand müßte dann an einer oder verschiedenen Stellen aufgehäuft werden, um ihn nur unterzubringen, das heißt: es *muß* dann Materie entstehen. Außerdem müßte – wie zuvor schon besprochen – das abgesenkte Niveau der Sandfläche im Umkreis eines Sandhaufens noch zusätzlich zur Darstellung des Gravitationsfeldes ausgehöhlt werden.
Die Energie zur Materiebildung käme dann im allgemeinen zum größeren Teil aus dem allgemeinen Raumfeld und zum kleineren Teil aus dem Gravitationsfeld.
Unter diesen Vorstellungen ist jederzeit, auch heute noch, die Entstehung von Materie in jeder, auch in geringster Menge denkbar. Es wird auch so sein müssen, weil wir sonst die weltweite Verbreitung von Wasserstoffatomen im Kosmos nicht erklären könnten.
So ist unser Kosmos entstanden, indem sich am Anfang der Zeit die zwei einander aufhebenden Urelemente Raum und Materie aus dem Nichts entfaltet haben wie im sumerischen Mythos der Himmel und die Erde. Während aber dort und in allen andern Kosmogonien – auch in der biblischen Genesis – die Welt nach ihrer Entstehung fertig war, ist das in unserer Kosmogonie nur ihr Anfang.
Die Zeit hat mit diesem Vorgang angefangen.
Nach 4 Milliardsteln einer Sekunde war so viel Raum entstanden, daß das damit auftretende Energieminus die Entstehung eines Neutrons als Ausgleich verlangte.
Nach 10 Sekunden war der Krümmungsradius des Raumes

1 Million Kilometer, das Raumvolumen betrug 10 Trillionen Kubikkilometer und die Materiemenge 2,5 Tonnen.
Nach 10 Minuten war der Radius 6 Milliarden Kilometer, das Volumen 2 Quadrillionen Kubikkilometer und die Materie 55 000 Tonnen.
Und so ging und geht es weiter durch die Jahre, Jahrhunderte, Jahrtausende, Jahrmillionen und Jahrmilliarden – nicht etwa in gleichmäßigem Wachsen, sondern mit der 3. Potenz der Zeit zunehmend, so daß nach der doppelten Zeit bereits das achtfache Volumen und die achtfache Materiemenge entstanden ist.
Die entstandene Materie sammelte und sammelt sich in den Spiralnebeln, dort verdichtete und verdichtet sie sich zu den galaktischen Nebeln, und aus ihnen entstanden und entstehen Sterne und Sonnen und mit ihnen Planetenscharen.
So entstand vor etwa 4,8 Milliarden Jahren auch unsere Sonne und bildete im Verlauf von einigen hundert Millionen Jahren ihr Planetensystem. Das war dann auch die Geburtsstunde unserer Erde mit ihrem Mond, denen man heute ein Alter von 4,6 Milliarden Jahren zuschreibt.
Unser Kosmos ist nichts Beendetes, nichts Fertiges. Er ist noch heute in voller Entfaltung begriffen wie am ersten Tag. Heute geschieht das gleiche wie damals, als er seinen Anfang hatte.
Inzwischen ist die Zeit auf 10 Milliarden Jahre, der Krümmungsradius des Raumes auf 30 000 Trillionen Kilometer, das Volumen des Weltraumes auf $2{,}7 \cdot 10^{68}$ Kubikkilometer und die Menge der Materie auf 7 Oktillionen Tonnen angewachsen, und so geht es weiter und weiter durch die Jahrtausende, Jahrmillionen und Jahrmilliarden, und wir Sterbliche stehen mitten in diesem überwältigenden kosmischen Werden und Entfalten, in das wir hineingehören, in das wir eingeordnet sind – – –
wozu?

Kapitel 13

Und Gott sprach...

Nimmt man die geschilderten Vorgänge als Kosmogonie an, so bildete sich der Kosmos nicht aus schon vorhandener Materie in einem vorhandenen Raum in einer ohnehin verrinnenden Zeit, sondern buchstäblich aus nichts. Es bedurfte auch nicht des Einsatzes physikalischer Kräfte oder Energien, um sein Werden in Gang zu setzen; denn wenn der Kosmos als Ganzes auch heute noch in physikalischem Sinne nichts ist, sofern man nur alles gegeneinander aufrechnet, brauchte er keinen physikalischen Anstoß, ja, es wäre nicht einmal Platz für einen solchen.

All das kann also – physikalisch gesehen – in jedem beliebigen Augenblick ganz von selbst angefangen haben und es gibt und braucht keinen physikalischen Grund, warum das damals vor 10 Milliarden Jahren passiert ist.

Wer damit zufrieden ist, hat eine einigermaßen vollständige Antwort auf die Hintergründe der Weltentstehung erhalten und braucht daher nicht weiterzufragen.

Kann man aber damit zufrieden sein? Wer sich nicht denken kann, daß dieses urgewaltige über Jahrmilliarden hinweg fortschreitende Geschehen sich selbst entfaltet hat und weiterträgt, wer nicht damit zufrieden ist, daß das alles

Gott scheidet Erde und Meer. (Mosaik aus Monreale bei Palermo in Sizilien)

ohne jeglichen Grund ganz zufällig eben einfach einmal angefangen haben soll, wer trotz der physikalisch lückenlosen Erklärung immer noch nicht auf eine allererste Ursache verzichten kann, der muß diese Ursache außerhalb der physikalischen Gegebenheiten suchen, da diese in sich geschlossen sind und keinen Platz dafür lassen. Es ist die Frage nach dem »warum?« und »wozu?«, von der wir im 11. Kapitel gesagt haben, ihre Beantwortung sei nicht Sache der Physik.

Wir fanden im vorigen Kapitel: sofern es davor überhaupt etwas gab, so war es unabhängig von Raum, Zeit und Materie und in Begriffe der natürlichen Welt nicht faßbar. Es war nicht mit ihnen beschreibbar, nicht aus ihnen abzuleiten, nicht mit ihnen zu verstehen. Es war »metaphysisch« – »übernatürlich« – im strengsten Sinn des Wortes.

Das heißt: man wird auf Gott verwiesen und kommt damit wie bei jeder Kosmogonie zuletzt auf theologische Fragen.

Wie lassen sich die modernen Anschauungen mit diesen vereinbaren? Sie hindern uns durchaus nicht, an Gott als

den Schöpfer und Träger der Welt zu glauben; sie hindern uns nur daran, uns von ihm ein allzu primitives Bild zu machen, und sind darum sicherlich fruchtbar.
Wer sich die Erschaffung der Welt ganz naiv und vordergründig nach den Worten der biblischen Genesis vorstellt, denkt nicht nur am tatsächlichen Geschehen, sondern sicherlich auch an dem vorbei, was die biblische Genesis ausdrücken wollte. Dann denkt man nämlich, daß die Welt sozusagen in den leeren Raum und in die ereignislos verrinnende Zeit hinein erschaffen wurde, indem darin die Materie geschaffen oder zur Welt geformt wurde. Raum und Zeit hätte es dann als leere Bühne des Geschehens und unabhängig von der Schöpfung und vor ihr – also unabhängig von Gott? – schon gegeben. Diesem gedanklichen Fehler verfällt man, wenn man sich nicht eigens Rechenschaft darüber gibt, daß schließlich auch der leere Raum und die ereignislos verrinnende Zeit nicht »nichts« sind, und bei der Schöpfung aus dem Nichts, der »creatio ex nihilo« genau wie die Materie erst entstanden sein müssen. Die heutige Ansicht zwingt uns auch hier zu einer ordentlichen Anschauung, mit der Schöpfung aus dem Nichts Ernst zu machen und auch den Raum und die Zeit als von Gott geschaffen anzusehen, da es Raum und Zeit ohne die Materie nicht geben kann.
Vielleicht würden wir heute die Genesis mit den Worten beginnen lassen: »Im Anfange schuf Gott Zeit, Raum und Materie, um die Welt daraus entstehen zu lassen.«
Glaubt man an Gott als den Schöpfer der Zeit, so steht er zeitlos vor dem Anfang der Zeit. Die Zeit ist eine Erscheinung der natürlichen Welt und gilt nicht für Gott. Es gibt für ihn kein »vorher«, kein»jetzt« und kein »nachher«. Er ist »von Ewigkeit zu Ewigkeit«.
Glaubt man an ihn als den Schöpfer des Raumes, so war er, bevor es den Raum gab. Er ist nicht im Raum zu fassen. Es

gibt keinen Ort im natürlichen Raum, wo er mehr oder weniger zu finden wäre als anderswo. Der Raum ist eine Erscheinung der natürlichen Welt. Die Bindungen des Raumes gelten nicht für Gott. Man kann ihn weder einsperren noch aussperren.

Glaubt man an ihn als den Schöpfer der Materie, so war er, bevor es die Materie gab. Er ist nicht in der Materie zu fassen und darum auch nicht bildhaft vorstellbar. Man soll sich darum von ihm auch »kein Bild noch irgend ein Gleichnis« machen.

So reinigt die naturwissenschaftliche Auffassung unseren Gottesbegriff von anpassenden naiven Vorstellungen und macht ihn tiefer und echter. Und diese Genesis wird wieder zu dem, als was sie ursprünglich gedacht war: kein scheinbar naturwissenschaftliches Lehrbuch, sondern ein mit bestürmendem Nachdruck vorgetragenes Bekenntnis, daß es nicht viele Götter, sondern nur einen gibt, und daß er Himmel und Erde, alles Sichtbare und alles Unsichtbare geschaffen hat, und – wie wir heute sagen würden – weiter schafft und weiter trägt. Denn die Schöpfung ist nicht abgeschlossen, die Welt nicht fertig, und auch wir Menschen sind nicht vollendet. Alles ist erst in Entfaltung begriffen.

Was ist das Ziel?

Was haben wir in dieser Schöpfung für eine Aufgabe?

Sind wir nur gerade dazu da, in dieser Schöpfung zu leben?

Wenn wir in diese Welt gestellt sind mit der Fähigkeit, sie bis an ihre Grenzen bewußt zu erkennen, sie zu beeinflussen und, wenn auch in bescheidenem Maße, zu verändern, genügt es dann, sie nur eben zu nützen, sie »sich untertan zu machen«, ohne darüber nachzudenken, ob damit nicht auch eine Aufgabe, ein kosmischer Zweck verbunden sein könnte?

Register

Bildnachweis

Umschlag: California Institute of Technology and Carnegie Institution of Washington. Seiten 6, 8, 9: ZEFA. 10 (2): Hale Observatories. 14: ZEFA. 20: SCALA. 24: Bürgle. 27, 31, 33, 37, 38: Fay. 40: V-Dia. 48, 54: Fay. 56: Deutsches Museum. 57, 58, 64: Fay. 68: ZEFA. 69: Südd. Verlag. 72 (2): Krischke. 76, 84, 86: Fay. 95: Deutsches Museum. 97, 99: Fay. 102 (4): Alexy. 110: Südd. Verlag. 113, 120: Fay. 124: JFS-Archiv.

Literaturhinweise

Bavink, *Weltschöpfung in Religion, Philosophie und Naturwissenschaft,* E. Reinhardt Verlag, München/Basel – Boschke, *Die Schöpfung ist noch nicht zu Ende,* Droemer Knaur – Fischer Bücherei, *Das Fischer Lexikon, Astronomie* – Gamow, *Die Geburt des Alls,* Hanns Reich Verlag, München – Holl, *Naturgeschichte des Weltalls,* Kosmos, Franckh-Verlag, Stuttgart – Hoyle, *Das grenzenlose All,* Knaur – Jordan, *Die Herkunft der Sterne,* Wissenschaftliche Verlagsgesellschaft, Stuttgart – *Meyers Handbuch über das Weltall,* Bibliographisches Institut, Mannheim – Reddish, *Evolution of the Galaxies,* Oliver & Boyd, Edinburgh/London – Vogt, *Der Bau des Weltalls,* Curt E. Schwab, Stuttgart – von Weizsäcker, *Die Geschichte der Natur,* S. Hirzel Verlag, Stuttgart